Schriftenreihe des
Österreichischen Wasserwirtschaftsverbandes
Heft 10

Die Verwertung der städtischen Abwässer in Österreich

Von

Dr.-Ing. **Rudolf Pönninger**
Wien

Mit 15 Textabbildungen.

Wien
Springer-Verlag
1948

ISBN-13: 978-3-211-80070-6 e-ISBN-13: 978-3-7091-5443-4
DOI: 10.1007/978-3-7091-5443-4

Sonderabdruck aus der Zeitschrift des Österreichischen Ingenieur- und Architekten-Vereines, Heft 7/8 und 9/10, 1947, und der Österreichischen Bauzeitschrift, Heft 7/9, 1947.

Inhaltsverzeichnis.

Seite

I. Überblick über die volkswirtschaftliche Bedeutung der Abwasserverwertung 5
  a) Die landwirtschaftliche Abwasserverwertung 5
  b) Die Faulgasgewinnung 8
  c) Folgerungen aus diesen Betrachtungen 12

II. Methoden der landwirtschaftlichen Verwertung der Abwässer 13
  a) Rieselfelder 13
  b) Weiträumige Abwasserverwertung 15
  c) Fischteiche 22

III. Die städtische Abwasserverwertung 23

IV. Vorschläge für die Verwertung der Abwässer in Österreich 24
  a) Allgemeines 24
  b) Faulgasverwertung 27
  c) Faulschlammverwertung 30
  d) Weiträumige landwirtschaftliche Abwasserverwertung 37
  e) Fischteiche 38

V. Schlußwort 39

VI. Die Wirtschaftlichkeit der städtischen Abwasserverwertung 40
  A. Wirtschaftliche Bauformen für Kläranlagen 40
    1. Allgemeine Überlegungen 40
    2. Statische Folgerungen 42

3. Wirtschaftliche Gestaltung von Absetzbecken 45
4. Wirtschaftliche Gestaltung von Faulbehältern 50
5. Der Emscherbrunnen 53
B. Baukosten von Kläranlagen 54
C. Jahreskosten von Kläranlagen 57
D. Gestehungskosten des Faulgases 60
E. Bau- und Jahreskosten der Schlammtrocknung und Gestehungskosten des Trockenschlammes 62
F. Schlußfolgerungen 64
Literaturverzeichnis 65

I. Überblick über die volkswirtschaftliche Bedeutung der Abwasserverwertung.

a) Die landwirtschaftliche Abwasserverwertung.

Die Frage der landwirtschaftlichen Verwertung der städtischen Abwässer ist so alt wie die Abwasserfrage selbst. Als in der zweiten Hälfte des vorigen Jahrhunderts die Städte begannen, aus hygienischen Gründen die zentrale Wasserversorgung einzurichten und die gebrauchten Abwässer mit den menschlichen Abfallstoffen durch unterirdische Kanäle abzuschwemmen, waren nur wenige Städte in der glücklichen Lage, die Abwässer einem ausreichend wasserführenden Vorfluter übergeben zu können, der die organische Verschmutzung ohne gesundheitliche Gefährdung der Anwohner verdauen konnte. Die meisten Städte sahen sich genötigt, das Abwasser vor der Einleitung in den Fluß zu reinigen, d. h. die organischen fäulnisfähigen Stoffe aus dem Abwasser mehr oder minder weitgehend zu entfernen und unschädlich zu machen.

Eine natürliche und nutzbringende Reinigungsart ist die landwirtschaftliche Verwertung des Abwassers, d. h. die Aufbringung des Abwassers auf landwirtschaftlich genutzte Flächen, wodurch der Dünger und Humuswert der organischen Schmutzstoffe den Pflanzen nutzbar gemacht wird, während das dadurch gereinigte Abwasser in den Untergrund versickert. So wird der natürliche Kreislauf in der Natur geschlossen, denn der Acker bekommt einen Teil der Nährstoffe zurück, welche ihm durch die Ernte entzogen wurden und das Wasser vermehrt wieder den unterirdischen Wasserschatz, dem es, wenn auch an anderer Stelle entnommen, entstammt. Wird dagegen das Abwasser unmittelbar dem Fluß übergeben, dann werden Pflanzennährstoffe und Wasser wohl laufend dem Boden entzogen, jedoch ungenutzt durch den Fluß dem Meere zugeführt.

Über die volkswirtschaftliche Bedeutung der landwirtschaftlichen Abwasserverwertung geben am besten einige Zahlen Aufschluß, welche nach dem derzeitigen Stand des Fachwissens auf Grund der Vorkriegspreise in der üblichen Weise errechnet werden sollen.

Von den rund 6·8 Millionen Einwohnern Österreichs leben etwa 2·5 Millionen in Städten über 20000 Einwohner. Das Abwasser dieser Stadtbewohner besitzt, landwirtschaftlich genutzt, einen Dünger-, Humus- und Wasserwert, von denen allerdings nur der Düngerwert einigermaßen zahlenmäßig erfaßt werden kann. Dieser Wert kann ausgedrückt werden durch die Kosten des Kunstdüngers, den die im Abwasser vorhandenen Pflanzennährstoffe zu ersetzen vermögen. Diese Kosten betragen, nach den Vorkriegspreisen errechnet,* bezogen auf einen Einwohner, jährlich:

2·95 kg Stickstoff à RM —·60	RM	1·77
0·73 „ Phosphorsäure à RM —·28	„	—·20
2·20 „ Kali à RM —·20	„	—·44
	RM	2·41

* Da als Quelle in der Hauptsache nur das deutsche Fachschrifttum zur Verfügung steht, ist eine andere Bewertung als in RM derzeit nicht möglich.

Rechnet man mit 25% Stickstoffverlust, so ergibt sich ein jährlicher Düngerwert je Einwohner von rund RM 2·—. Bei 2·5 Millionen Stadteinwohnern entspricht dies einem Betrag von RM 5000000·— jährlich. Rechnet man mit einer durchschnittlich jährlichen Stickstoffgabe von 80 kg je ha, so ersetzen die Abwässer die Stickstoffdüngung für annähernd $\frac{75\% \,.\, 2{\cdot}95 \,.\, 2\,500\,000}{80}$ = rund 70000 ha. Es entfällt daher auf 1 ha das Abwasser von 36 Einwohnern oder bei einem Kopfwasserverbrauch von 100 bis 150 l je Tag die Wassermenge von 1300 bis 2000 m^3 jährlich. Das entspricht einer Regenhöhe von 130 bis 200 mm, in Übereinstimmung mit den von Imhoff (Taschenbuch 1941, S. 117) * angegebenen Werten.

Der Humuswert des Abwassers ist schwer zu erfassen, obwohl es an Versuchen zu seiner Ermittlung nicht fehlt. Humus läßt sich nur durch organischen Dünger ersetzen. Er ist grundlegend für die Bodenfruchtbarkeit, wirkt bodenverbessernd, begünstigt den Wasserhaushalt, steigert die Bakterientätigkeit und fördert die Gare des Bodens. Es ist bekannt, daß unfruchtbare Sandböden durch Bewässerung mit Abwasser nach wenigen Jahren in humusreichen Ackerboden verwandelt werden.

Der Wasserwert wird mindestens ebenso hoch, vielfach höher eingeschätzt als der Düngerwert des Abwassers. Die natürlichen Niederschläge sind auch dort, wo sie ausreichend vorhanden sind, zeitlich nie so verteilt, wie es dem Wachstum der Pflanzen am besten entspricht. Es kommt daher immer wieder zu Dürreausfällen, welche durch künstlich einsetzende Bewässerung vermieden werden können. Da die landwirtschaftliche Abwasser-

* Schrifttumverzeichnis am Schluß der Abhandlung.

verwertung als düngende Bewässerung jedoch Dünger-, Humus- und Wasserwert in sich schließt, kann in Übereinstimmung mit anderen Bewertungsversuchen der Wert des städtischen Abwassers für die Landwirtschaft in Österreich mit mindestens zehn Millionen Reichsmark jährlich eingeschätzt werden.

Es ist auch eine andere Bewertung der landwirtschaftlichen Abwasserverwertung möglich, indem man vom Ertrag ausgeht. Rechnet man mit einem mittleren Mehrertrag durch die Abwassernutzung von RM 100·— je ha, so ergibt sich bei 70 000 ha die beachtliche Summe von 7 Millionen Reichsmark. Man darf aber nicht vergessen, daß der im Abwasser enthaltene Humusdünger nicht einfach durch Einfuhr ersetzt werden kann und daß der ersparte und durch gesteigerte Tierhaltung bei Grünlandwirtschaft vermehrt anfallende Wirtschaftsdünger wieder anderen Anbauflächen zugute kommt und eine weitere Ertragssteigerung hervorruft. Da Österreich immer gezwungen sein wird, Nahrungsmittel vom Ausland einzuführen, könnte bei vollkommener Ausnutzung der städtischen Abwässer mit einer Einfuhrersparnis an Lebensmitteln in der Höhe von mindestens 7 bis 10 Millionen Reichsmark jährlich gerechnet werden, wenn man die Vorkriegspreise zugrundelegt. In welcher Weise eine vollkommene Ausnutzung der Abwässer technisch durchführbar und wirtschaftlich tragbar ist, wird noch später geprüft werden.

b) Die Faulgasgewinnung.

Als man die Städte zu kanalisieren begann, hat man sich auch mit der Frage befaßt, die Abwässer vor ihrer Einleitung in den Fluß künstlich zu reinigen. Das einfachste Verfahren besteht darin, daß man das Abwasser an einer Stelle sammelt, in großen Becken zur Ruhe bringt und die sich absetzenden Feststoffe entfernt (Imhoff, Taschenbuch, S. 90 ff.). Das Abwasser wird auf diese Weise zwar entschlammt, behält aber seinen fäulnisfähigen Charakter bei, da es noch alle gelösten und halbgelösten sowie die schwer absetzbaren Schwebestoffe enthält. Genügt die Entschlammung nicht und kann der Vorfluter die noch vorhandenen, vorwiegend gelösten fäulnisfähigen Stoffe nicht verdauen, dann wendet man für deren Entfernung künstliche biologische Reinigungsverfahren an (Imhoff, Taschenbuch, S. 127 ff.).

Durch das Absetzverfahren wird der Abwasserschlamm gewonnen (Imhoff, Taschenb., S. 163 ff.), der einen hohen Wassergehalt (etwa 95%) besitzt. Sich selbst überlassen, verfällt er an der Luft alsbald der sauren Gärung, riecht dabei höchst widerlich, gibt sein Wasser sehr schwer ab und trocknet daher nur langsam. An Gasen wird hauptsächlich Kohlensäure frei und in geringen Mengen Methan und Schwefelwasserstoff. Zur Vermeidung des Geruches begann man später den Schlamm unter Luftabschluß zu behandeln und machte die Entdeckung, daß der Schlamm ohne Einwirkung des Luftsauerstoffes einen andern Vorgang durchmacht. Er verfällt der Methangärung, wobei sich etwa 70% Methan und 30% Kohlensäure bilden. Sonstige Gase (N, H, O, H_2S) sind nur in ganz geringen Mengen vorhanden.

Die Methangärung ist vor allem auf die Tätigkeit der Fäulnisbakterien zurückzuführen, unter deren Einwirkung der Schlamm allmählich ausfault und ganz andere Eigenschaften bekommt (Imhoff, Taschenbuch, S. 167). Er wird geruchlos, hat schwarze Farbe, einen geringeren Wassergehalt (80 bis 85%) und gibt beim Trocknen sein Wasser leicht ab. Die meisten Unkrautsamen werden vernichtet und die Krankheitserreger stark vermindert. Trockener Faulschlamm hat das Aussehen und auch den Charakter guter Humuserde. Der Vorgang der Schlammfaulung ist mit seinen notwendigen technischen Einrichtungen, nämlich einem Absetzbecken und einem Schlammfaulbehälter in Abb. 1 dargestellt und näher erläutert.

Der ausgefaulte Schlamm kann als hochwertiger Stickstoffdünger der Landwirtschaft zugeführt werden. Das entschlammte Abwasser kann nach wie vor auf landwirtschaftlich genutzten Flächen verrieselt werden, da es noch die meisten düngenden und auch noch humusbildende Stoffe besitzt.

Das gewonnene Faulgas, auch Klärgas genannt, kann in Stadtnähe immer nutzbringend verwertet werden. Um die Bedeutung dieses in Österreich praktisch noch unerschlossenen Rohstoffes aufzuzeigen, sei nachfolgender Bewertungsversuch unternommen:

Faulgas mit 70% Methan, wie es in getrennten Faulbehältern nach Abb. 1 anfällt, hat etwa 6000 kcal/m^3 Heizwert, ist also hochwertiger als das übliche Stadtgas. Man kann mit einem jährlichen Gasanfall von mindestens 4·5 m^3 je Stadteinwohner rechnen, das ergibt für Österreichs Städte (über 20000 Einwohner) 2·5 Millionen mal 4·75 m^3 = rund 12 Millionen m^3 Gas jährlich.

Drei Verwertungsmöglichkeiten seien hier näher untersucht, die sich in vielen Städten Deutschlands und des übrigen Auslandes praktisch bereits bewährt haben.

1. Fall: Verwendung als Stadtgas.

Das Klärgas kann an den städtischen Gasbehälter oder an eine nahe Hauptgasleitung abgegeben werden. Wegen des höheren Heizwertes ist ausreichende Mischung erforderlich, damit keine zu großen Schwankungen in der Zusammensetzung des Gases auftreten. Berücksichtigt man den Verkaufspreis des Gases nach dem vorkriegsüblichen Haushalttarif von 0·15 bis 0·20 RM/m³, so errechnet sich bei einem Anfall von 12 Millionen m³ jährlich ein Betrag von 1800000 bis 2400000 Reichsmark.

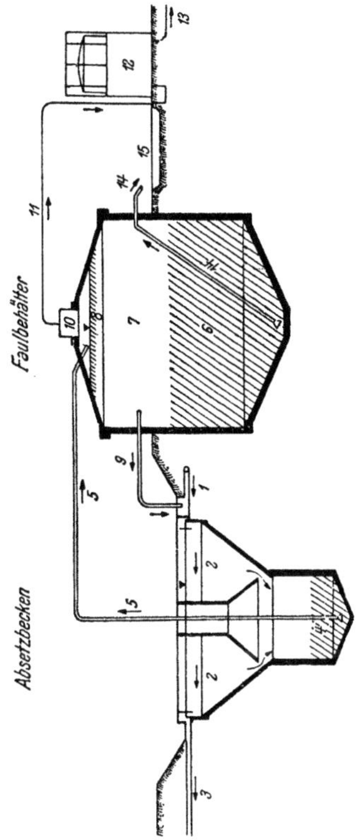

Abb. 1. System einer neuzeitlichen Kläranlage

1 Abwasserzulauf 2 Absetzraum, 3 Ablauf des geklärten Abwassers, 4 Abgesetzter Frischschlamm, 5 Frischschlammleitung, 6 Ausgefaulter Schlamm, 7 Faulraumwasserzone, 8 Schwimmschlamm, 9 Faulraumwasserablauf, 10 Gassammelraum, 11 Gasleitung zum Gasbehälter, 12 Gasbehälter, 13 Zur Gasverwertung, 14 Faulschlammablauf, 15 Schlammtrockenplätze

Wenn man im Mittel annimmt, daß aus 100 kg Kohle etwa 50 m³ Gas und 60 kg Koks gewonnen werden, dann wäre durch diese Gasmenge die Einfuhr von 24000 Tonnen Gaskohle jährlich erspart, wenn man gleichzeitig den Koks durch heimische Brennstoffe ersetzt.

2. Fall: Verwendung als Treibgas.

Schon vor dem Kriege, aber besonders während des Krieges, ist man dazu übergegangen, Stadtgas und auch Klärgas in hochverdichtetem Zustand zum Antrieb von Kraftfahrzeugen zu verwenden. Wenn man die Kohlensäure aus dem Faulgas durch Waschung entfernt, dann erhält man fast reines Methan mit einem Heizwert von 8500 kcal/m^3, so daß 1 m^3 dieses Gases etwa 1 Liter flüssigem Treibstoff entspricht. Da im Faulgas 70% Methan enthalten sind, würde man bei 2·5 Millionen Einwohnern 0·70 mal 12 = 8·4 Millionen m^3 Methan erhalten. Die gleichwertige Menge flüssigen Treibstoffes, nämlich 8·4 Millionen Liter Benzin-Benzol-Spritgemisch mit 8000 kcal/l kostete in der Vorkriegszeit 3400000 bis 3800000 Reichsmark. Muß flüssiger Treibstoff eingeführt werden, dann ist auch wieder eine Devisenersparnis, wenn auch nur zu einem Bruchteil dieses Betrages, möglich.

3. Fall: Verwendung zur Erzeugung von elektrischer Energie.

Mit dem Faulgas kann mit Hilfe von Gasmotoren auch elektrischer Strom erzeugt werden. Erfahrungsgemäß sind für 1 kWh etwa 0·7 m^3 Faulgas erforderlich (Imhoff, Taschenbuch, S. 195). Mit 12 Millionen m^3 Faulgas kann man daher jährlich rund 17 Millionen kWh erzeugen. Bei einem Kraftstrompreis in der Vorkriegszeit von 0·10 RM/kWh ergibt das den Betrag von 1700000 Reichsmark jährlich. Soweit Kohle für Kraftstromerzeugung eingeführt werden muß, ist auch hier eine entsprechende Devisenersparnis möglich.

c) Folgerungen aus diesen Betrachtungen.

Die Beispiele mögen genügen, um aufzuzeigen, welche heimischen Rohstoffquellen in Österreich praktisch noch unerschlossen vorhanden sind. Mag sein, daß jemand durch andere Bewertung andere Zahlen erhält. Darauf kommt es nicht an. Es sollte nur gezeigt werden, daß es lohnend ist, an die Abwasserverwertungsfrage heranzutreten. Im nächsten Abschnitt soll geprüft werden, welche Arten der Verwertung bisher angewandt wurden und wie sie sich im einzelnen bewährt haben. Entscheidend ist jedoch die Kostenfrage und es muß auch fallweise untersucht werden, ob die erforderlichen Aufwendungen die Mehrerträge bzw. die Einnahmen nicht übersteigen, da sonst der richtige Anreiz, nämlich die ausreichende Verzinsung des Baukapitals bzw. der Gewinn, fehlt.

II. Methoden der landwirtschaftlichen Verwertung der Abwässer.

a) Rieselfelder.

Rieselfelder werden schon seit sieben Jahrzehnten betrieben. Berlin nahm im Jahre 1875 das erste Rieselfeld in Betrieb, Dortmund vor 55 Jahren, Dülmen vor 30 Jahren. Im Jahre 1933 besaßen 45 Städte Deutschlands mit 6·5 Millionen Einwohnern Rieselfelder. Über den Rieselfeldbetrieb liegen also ausreichende Erfahrungen vor, so daß über dessen Wert und Bedeutung ein klares Urteil gefällt werden kann.

Rieselfelder hatten in erster Linie den Zweck, die Abwässer zu reinigen (Imhoff, Taschenbuch, S. 121), und die landwirtschaftliche Nutzung der Bodenfläche war vorerst nur von nebengeordneter Bedeutung. Man versuchte auf geringstmöglichem stadteigenem Gelände möglichst viel Abwässer unterzubringen. Die jährliche Wassergabe schwankte zwischen 2000 bis 8000 mm, das sind 20000 bis 80000 m^3/ha, je nach der Bepflanzungsart.

Trotzdem haben die Rieselfelder auch landwirtschaftlich Hervorragendes geleistet. Wiesen bringen fünf bis sechs Schnitte und mehr im Jahre. Nach einem Bericht des Abwässergüterdirektors Schmidt-Imbrek sind um Berlin 20000 Kühe durch sieben bis acht Monate nur auf Rieselgrasfutter angewiesen. 40% und, jahreszeitlich bedingt, sogar 100% des Berliner Gemüses stammen von Rieselfeldern. Ähnlich sind die Erfolge auf anderen Rieselfeldbetrieben.

Durch jahrzehntelange Erfahrung haben sich jedoch verschiedene Nachteile herausgestellt, die zu der heute nur mehr angestrebten weiträumigen Abwasserverwertung führten. Diese Nachteile sind im wesentlichen:

1. Durch die Überlastung des Bodens mit Abwasser wird der Nährstoffgehalt und der Humuswert nur unvollkommen ausgenutzt. Aus gleichem Grunde wird das Abwasser nur ungenügend gereinigt. Dadurch ist auch die Reinhaltung des Grundwassers oder der Vorflut nicht mehr gewährleistet.

2. Die Verteilung des vielfach angefaulten Abwassers über große Flächen erzeugt Geruchsbelästigungen, welche den Rieselbetrieb am Stadtrand unerträglich werden lassen.

3. Durch die Stickstoffüberdüngung wird die Haltbarkeit und der Geschmack des Gemüses herabgesetzt. Aus gleichem Grunde riecht das Rieselfeldgemüse manchmal unangenehm beim Kochen.

4. Durch dauernde Überdüngung kann Verschlammung und Bodenfäulnis eintreten, die bis zur Ertragslosigkeit führen.

5. Mit dem Vorkommen pathogener Keime in den Abwässern ist stets zu rechnen. Im erhöhten Maße besteht gesundheitliche Gefahr bei überlasteten Rieselfeldern, wo zwischen letzter Bewässerung und Ernte meist nur ein zu geringer Zeitraum bleibt. Die Verbreitung der Rinderfinne ist auf Rieselfeldern festgestellt worden. Zu hoch darf jedoch die Gefahr nicht eingeschätzt werden, weil

der Ausbruch von Seuchen durch Rieselfelder noch nicht nachgewiesen werden konnte. Aus all diesen Gründen werden Rieselfelder heute wohl nicht mehr angelegt und die vorhandenen allmählich auf eine der nachbeschriebenen Arten der weiträumigen Abwasserverwertung umgestellt oder ganz aufgelassen. Es ist daher müßig, Bau und Betriebskosten solcher Anlagen näher zu untersuchen.

b) Weiträumige Abwasserverwertung.

Die weiträumige Abwasserverwertung hat sich so richtig erst im letzten Jahrzehnt entwickelt. Als Vorbild ist die Landbewässerung und Feldberegnung mit Reinwasser zu betrachten. Grundsatz ist, dem Boden nur so viel Wasser und Nährstoffe zuzuführen, als die angebaute Pflanzenart vertragen kann und auch gut verwertet. Für die Nährstoffe ist in der Regel der Stickstoffgehalt des Abwassers entscheidend. Zudüngung unzureichend vorhandener Stoffe (Phosphorsäure, Kalk) ist vorzusehen. Als jährliche Wassermenge wird z. B. von Henkel empfohlen: 500 mm für Weiden und Wiesen, 100 bis 200 mm für Hackfrüchte, 80 mm für Brotgetreide (nur im Frühjahr) usw.

In mancher Hinsicht bestehen noch Meinungsverschiedenheiten unter den Fachleuten, doch wurde vieles durch den fruchtbaren Meinungsaustausch „Über die biologischen Grenzen der landwirtschaftlichen Verwertung städtischer Abwässer“ in der „Deutschen Wasserwirtschaft“ und im „Gesundheitsingenieur“, Jahrgang 1940/41, geklärt.

Die Verteilung des Abwassers kann durch Berieselung (Stau- und Hangberieselung) oder durch Beregnung erfolgen. Auch Furchenberieselung ist möglich und wird für Gemüse empfohlen. Der letzte Stand der deutschen Fachmeinung hat seinen Niederschlag in den „Richtlinien für die landwirtschaftliche Verwertung städtischer Abwässer“ gefunden, auf die hiermit verwiesen wird. (Erschienen 1942.)

Die wichtigste Voraussetzung für die weiträumige Abwasserverwertung ist die, daß in erreichbarer Nähe der Stadt genügend großes und geeignetes Gelände zur Verfügung steht und daß sich die Besitzer dieses Geländes zwecks gemeinsamer Nutzung zu einer Abwasserverwertungsgenossenschaft zusammenschließen.

Bei vernünftiger Ausnutzung des Abwassers ist Ertrag und Güte der Feldfrüchte ganz ausgezeichnet und diese sind den nicht mit Abwasser behandelten Früchten deutlich überlegen. Die Erträge bei Gras, Hackfrüchten und Gemüse überschreiten den Durchschnitt der sonst üblichen Ernten um das Mehrfache (Zunker).

Nach der wirtschaftlichen Seite ist der Grad der Vorbehandlung des Abwassers von Bedeutung und man unterscheidet:

1. Weiträumige Verwertung ohne Vorbehandlung des Abwassers.

Das Abwasser wird nur von den groben Verunreinigungen befreit (Rechen, Sandfang), welche den Pumpen gefährlich werden können, sonst aber mit allen schlammigen Bestandteilen auf die Felder gepumpt. Bedingung ist, daß das Abwasser nicht angefault auf dem Gelände verteilt wird, da sonst starke Geruchsbelästigung zu erwarten ist und auch die Gefahr besteht, daß stärkere Stickstoffverluste auftreten. Bei diesem Verfahren werden sämtliche Nähr- und Humusstoffe in einem Arbeitsgang gleichmäßig verteilt aufgebracht, so daß von der vollkommensten Ausnutzung der Dungkraft und des Humuswertes des Abwassers gesprochen werden kann.

Gegen diese Verwertungsart wurden in den letzten Jahren verschiedene Bedenken erhoben. Die

Schlammverteilung erfolge nie gleichmäßig, da sich der Schlamm in den Verteilungsrinnen leicht absetzt und durch Faulung starke Geruchsbelästigung hervorruft. Hygieniker wollen sich mit der landwirtschaftlichen Abwasserverwertung nur befreunden, wenn der Schlamm vorher entfernt und besonders behandelt wird, da sich mit dem Schlamm die meisten Krankheitskeime niederschlagen und das Abwasser davon befreien. Wirtschaftlich betrachtet geht ferner bei dieser Verwertungsart das wertvolle Klärgas verloren, während der Entzug an Dungstoffen durch die Entschlammung geringfügig ist, da der ausgefaulte Schlamm wieder der Landwirtschaft zur Verfügung steht.

2. Weiträumige Verwertung mit mechanischer Reinigung des Abwassers.

Die Entschlammung oder mechanische Reinigung des Abwassers, auch kurz Klärung genannt, besteht darin, daß das Abwasser in sogenannten Absetzbecken durch 1 bis 2 Stunden zur Ruhe gebracht wird, so daß sich die absetzfähigen Stoffe abscheiden können. Der abgesetzte Schlamm kann dann besonders behandelt werden.

Das entschlammte Abwasser wird auf die Felder gebracht und verrieselt oder verregnet. Der Wasserwert ist praktisch der gleiche geblieben, da der Schlamm weniger als 1% der Abwassermenge ausmacht. Der Düngerwert ist zunächst etwas herabgesetzt, und zwar werden durch den Schlamm zurückgehalten (nach Prüss): 12% Stickstoff, 30% Phosphorsäure, 10% Kali.

Der Schlamm wird in der Regel ausgefault und es geht dabei weder Stickstoff in nennenswerter Menge noch Kali und Phosphor verloren, wenn man das Faulraumwasser dem Abwasser wieder zuleitet. Der ausgefaulte Schlamm steht der Landwirtschaft zur Verfügung, so daß auch bei diesem Verfahren dem Boden praktisch alle Nährstoffe zugeführt werden. Der Verlust an Humus ist ebenfalls geringfügig, da der frische Schlamm auf den Feldern auch erst einen ähnlichen Verrottungsprozeß durchmachen muß, wenn er seine humusbildenden Eigenschaften bekommen soll.

In der mechanischen Reinigung des Abwassers ist also, von der landwirtschaftlichen Seite aus betrachtet, kein Nachteil zu erblicken. Eher der Vorteil, daß man vorwiegend bewässerungsbedürftige Flächen mit dem entschlammten Abwasser noch ausreichend düngend bewässern kann, während der Faulschlamm, der für besonders humusbedürftige Böden geeignet ist, diesen zugeführt werden kann.

In der Geruchsfrage ergibt sich zweifellos eine Besserung, doch ist die Geruchsbelästigung noch immer vom Zustand des Abwassers abhängig (frisch oder faulig) und es wird sowohl bei der Berieselung als auch bei Beregnung darüber geklagt. In hygienischer Hinsicht ergibt sich der Vorteil, daß durch die Ausfaulung der Schlamm den größten Teil der Krankheitskeime und Wurmeier verliert.

3. Weiträumige Verwertung mit biologischer Vorreinigung des Abwassers.

Um die hygienischen Bedenken weiter zu zerstreuen und die Geruchsbelästigung restlos zu beseitigen, wurde schließlich vorgeschlagen, die Abwässer vor der landwirtschaftlichen Verwertung nicht nur mechanisch, sondern auch künstlich biologisch durch Tropfkörper (Imhoff, Taschenbuch, S. 127) oder nach dem Belebtschlammverfahren (Imhoff, Taschenbuch, S. 144) zu reinigen.

Durch die biologische Reinigung muß naturgemäß der landwirtschaftliche Nutzungswert des Abwassers Einbuße erleiden. Der Humuswert geht praktisch ganz verloren. Von den Nährstoffen verschwindet vor allem Stickstoff, zum Teil als flüchtiges Gas, zum Teil als Nitratstickstoff durch Sickerverluste auf dem Gelände. Anderseits wird behauptet, daß der Unterschied im Ertrag bei Beregnung mit biologisch gereinigtem Abwasser gegenüber ungereinigtem nur 20% beträgt. Diese Frage ist wohl noch viel zu wenig geklärt, um eindeutige Schlußfolgerungen ziehen zu können. Durch die biologische Reinigung fällt auch reichlich Tropfkörper- oder Belebtschlamm an, der teilweise den verlorenen Humus und wohl auch einen Teil der Nährstoffe der Landwirtschaft wieder ersetzt, doch ist die Aufbereitung dieses Schlammes mit Kosten verbunden.

Die Kostenfrage der weiträumigen Abwasserverwertung ist nicht ganz einfach zu behandeln, weil die Anlagen große Unterschiede aufweisen können. Sehr ins Gewicht fallen die Kosten der Zuleitung des Abwassers zum Verwertungsgelände, die bei zu großer Entfernung von der Stadt leicht untragbar werden können. Von großem Einfluß ist auch die durchschnittliche Belastung des Bodens mit Abwasser, welche nur auf Grund eines genauen Bewässerungsplanes erhoben werden kann. Je geringer die Belastung, desto größer die Fläche und damit die Kosten der Verteilungsleitungen, desto größer aber auch der Gesamtertrag.

Über die tatsächlichen Kosten liegen Angaben vor (Imhoff, Taschenbuch, S. 121), und zwar betragen die Baukosten im rohen Durchschnitt 800 bis 1200 RM/ha und die Jahreskosten bei billigem Kapitalzins und Strompreis 100 RM/ha. Rechnet man durch die Abwasserverwertung mit einem Mehrertrag von nur 100 RM/ha, so fehlt für den Landwirt naturgemäß der Anreiz, diese Mehrbelastung zu übernehmen, um so mehr, als ihn die Umstellung seines Betriebes durch die intensive Nutzung zunächst abermals durch Kosten belastet.

Man hat deshalb in Deutschland versucht, die Städte zur Kostentragung mitheranzuziehen. Das ist denkbar, wenn die Stadt wegen schwacher Vorflut gezwungen ist, ihre Abwässer zu reinigen, die Reinigungskosten jedoch erspart, wenn die Landwirtschaft die gesamten Abwässser zur Nutzung übernimmt und diese damit gleichzeitig reinigt.

Eine mechanische Reinigung der Abwässer durch Absetzbecken belastet die Stadt heute kaum noch, weil die Gewinnung und Verwertung des Faulgases die Kosten in den meisten Fällen deckt. Wenn jedoch eine biologische Reinigung der Abwässer zur Reinhaltung der Vorflut nötig ist, dann kann die Stadt sehr viel Geld ersparen, wenn die Landwirtschaft das ganze Abwasser abnimmt.

Diese Abnahmeverpflichtung verteuert jedoch wieder die Verwertungsanlage, weil das Abwasser nicht immer in den Mengen verwertet werden kann, wie es anfällt. Es müssen Speicher und Bodenfilter angelegt und Pumpen sowie Leitungen in der Regel für die doppelte Trockenwettermenge berechnet werden.

Der Höchstbeitrag, zu dem eine Stadt herangezogen werden kann, wenn sie die künstlich biologische Reinigung erspart, kann wie folgt abgeschätzt werden: Angenommen, 1 ha kann durchschnittlich mit dem Abwasser von 36 Einwohnern belastet werden (entspricht 130 bis 200 mm Regenhöhe), dann entfallen auf einen Einwohner $\frac{1000}{36} = 28$ RM Baukosten bzw. $\frac{100}{36} = 2\cdot80$ RM Jahreskosten. Unter der Annahme hochbelasteter Tropfkörper als biologische Reinigungsanlage betragen nach Imhoff (Taschenbuch, S. 63) die Baukosten $12\cdot00 - 6\cdot00 = 6\cdot00$ RM/E und die Jahresbelastung ist $1\cdot50 - 0\cdot62 =$ rund $0\cdot90$ RM/E. Das heißt aber, die Stadt könnte zu den Baukosten für 1 ha Land

$36 \times 6 = 216$ RM, bzw. zu den Jahreskosten $36 \times 0{\cdot}9 = 32{\cdot}4$ RM beitragen. Das wäre immerhin ein Fünftel der Baukosten oder ein Drittel der Jahreskosten.

Es ergeben sich daher folgende kennzeichnende Lösungen:

1. Fall: Für die Stadt besteht keine Verpflichtung zur Reinigung des Abwassers, sie leistet also keinen Beitrag. Die Landwirtschaft entnimmt das Abwasser nur in den Mengen, die sie braucht, der Rest geht in die Vorflut.

2. Fall: Für die Stadt besteht die Verpflichtung zur mechanischen Reinigung. Sie baut Absetzbecken mit Faulbehälter und deckt die Bau- und Betriebskosten durch die Faulgasverwertung. Sie leistet also keinen Beitrag. Die Landwirtschaft entnimmt das mechanisch gereinigte Abwasser nach Bedarf und den gesamten Faulschlamm. Nicht benötigtes Abwasser geht, mechanisch gereinigt, in die Vorflut.

3. Fall: Die Stadt ist verpflichtet, biologisch zu reinigen. Sie baut ihre vollbiologische Reinigungsanlage und leistet keinen Beitrag. Die Landwirtschaft übernimmt das biologisch gereinigte Abwasser nach Bedarf und den gesamten Faulschlamm sowie den Schlamm der biologischen Reinigungsanlage. Die Verwertung des Abwassers kann wegen Geruchsfreiheit in Stadtnähe erfolgen (geringe Zuleitungskosten). Geringerer Nutzungswert des Abwassers ist zu berücksichtigen.

4. Fall: Die Stadt ist verpflichtet, biologisch zu reinigen, übergibt jedoch das Abwasser mechanisch gereinigt der Landwirtschaft und leistet einen Kostenbeitrag, der der ersparten biologischen Anlage entspricht. Die Landwirtschaft übernimmt die gesamten Abwässer und verpflichtet sich, das nicht benötigte Abwasser durch Bodenfilter zu

reinigen. Teure Zuleitung und Speicheranlagen sind die Folge.

Zur Kostenfrage wird noch bemerkt, daß die Jahresbelastung von 100 RM/ha zur Voraussetzung hat, daß das gesamte Abwasser von der Landwirtschaft übernommen wird. Liegt eine Verpflichtung hierzu nicht vor, dann läßt sich die Verwertungsanlage wesentlich verbilligen. Bodenfilter und die teuren Speicherbecken können entfallen, Pumpen- und Rohrleitungen wesentlich schwächer gehalten werden. Von Bedeutung ist auch die Entfernung des Verwertungsgeländes von der Stadt. Bei biologisch gereinigtem Abwasser kann sie sehr gering gehalten werden, wodurch sich die hohen Kosten der biologischen Vorreinigung des Abwassers lohnen können.

Genauen Aufschluß über die tatsächlichen Kosten kann man nur an Hand von Vorentwürfen mit Kostenermittlung gewinnen, doch steht außer Zweifel, daß in vielen Fällen dieser Art der Abwasserverwertung der Wirtschaftlichkeitsnachweis erbracht werden kann. Wenn es für den Staat übrigens von Bedeutung ist, den landwirtschaftlichen Ertrag seines Bodens zu heben, kann er mit verbilligten Darlehen oder durch verlorene Beiträge im Bedarfsfalle helfend einspringen.

c) Fischteiche.

Abwasserfischteiche bieten ebenfalls eine ertragreiche Möglichkeit der Verwertung städtischer Abwässer (Imhoff, Taschenbuch, S. 162). Zu diesem Zweck wird das Abwasser im Verhältnis 1 : 5 mit Flußwasser verdünnt und kann dann in Fischteiche geleitet werden. Besatzfische sind Karpfen und Schleie, die mit wenig Sauerstoff auskommen. Die biologische Reinigung des Abwassers erfolgt in der natürlichsten Weise wie im Vorfluter. Die vom Abwasser mitgebrachten Bakterien, die vom

Abbau der organischen Substanz leben, dienen niedrigen Lebewesen als Nahrung. Diese nähren wieder höher organisierte Tiere wie Würmer, Krebse, Larven, Schnecken, die wieder das Futter für die Fische abgeben. Der Flächenbedarf beträgt 1 ha auf 2000 Einwohner und mehr. Der Ertrag ist 500 kg Fischfleisch auf 1 ha oder 0·25 kg/E. Die Kosten sind sehr unterschiedlich, eine allgemeine Abschätzung ist schwer möglich. Fischteiche sind dort am Platze, wo geeignetes Gelände, das nötige Gefälle und Verdünnungswasser vorhanden sowie eine Berieselung oder Verregnung des Abwassers nicht möglich ist.

III. Die städtische Abwasserverwertung.

Den Vorkriegsstand der städtischen Abwasserverwertung hat Vas in dieser Zeitschrift sehr eingehend untersucht und an Hand eines umfangreichen Schrifttumnachweises ausführlich erläutert, so daß hier der Hinweis genügt.* Während des Krieges konnten in dieser Richtung weitere wertvolle Erfahrungen gewonnen werden, doch hat sich grundlegend kaum etwas geändert.

Nur auf einen Umstand muß besonders hingewiesen werden. Auch die neuzeitlichsten Kläreinrichtungen sind heute meist nur als Großversuchsanlagen zu werten, die, wirtschaftlich betrachtet, in der Regel ungünstig abschneiden. Denn erst im letzten Jahrzehnt haben sich die Methoden entwickelt und herausgebildet, welche für künftige Anlagen allein in Frage kommen.

Eine eingehende kritische Würdigung der städtischen Abwässerverwertungsanlagen, ihre bauliche Gestaltung sowie die Prüfung der Wirtschaftlichkeit erfolgt im Abschnitt VI dieser Abhandlung

* Schrifttumhinweis am Schluß der Abhandlung.

Die unbedingt notwendigen baulichen Einrichtungen für eine Faulgasgewinnungsanlage sind in ihrer wirtschaftlichen Ausführung in Abb. 1 dargestellt. Hinzu tritt lediglich ein Rechen und Sandfang, die Rohrleitung für die Zu- und Abführung des Abwassers und ein Schutzhäuschen für die Pumpen und zum Aufenthalt des Klärwärters. Alle maschinellen Anlagen verteuern die Baukosten und den Betrieb und sind möglichst zu vermeiden. Nur bei Großanlagen sind besondere Unterkunftsräume für die Klärarbeiter erforderlich.

Bei günstiger Verwertung des Faulgases, sparsamer Bauweise sowie Niedrighaltung der Betriebskosten und mäßigem Kapitaldienst ist es ohneweiters denkbar, daß durch den Ertrag der Faulgasverwertung die Jahreskosten (Unterhaltung, Betrieb und Kapitaldienst) einer städtischen Abwasserverwertungsanlage gedeckt werden, ja daß sogar Betriebsüberschüsse erzielt werden. Man darf dabei allerdings nur die Kosten für die Faulgasgewinnungsanlage berücksichtigen. Die Kosten für die Trocknung und Beförderung des Faulschlammes sind von den nutznießenden Landwirten zu übernehmen.

IV. Vorschläge für die Verwertung der Abwässer in Österreich.

a) Allgemeines.

Die Frage der Reinigung und Verwertung städtischer Abwässer hat in Österreich noch keine Bedeutung erlangt. Die Ursache liegt darin, daß die meisten größeren Städte am reichlich wasserführenden Donaustrom oder an Gebirgsflüssen mit gutem Gefälle liegen, so daß die hygienischen Gefahren durch Verunreinigung der Vorfluter nicht so in Erscheinung treten. Außerdem besitzt so manche kleinere Stadt überhaupt noch keine Schwemmkanalisation für Fäkalabwasser.

Soweit eine Reinigung der Abwässer unbedingt erforderlich war, beschränkt sich diese auf die Entschlammung, während künstlich biologische Reinigungsanlagen nur vereinzelt vorhanden und außerdem zumeist veraltet sind. Über die Verwertung städtischer Abwässer ist bis jetzt wenig bekannt geworden, obwohl von berufener Seite auf deren Bedeutung wiederholt hingewiesen wurde.

Es ist übrigens nur zum Zweck der Verwertung der Abwässer meines Wissens eine Kläranlage überhaupt noch nirgends gebaut worden. Die Entwicklung der Abwassertechnik erfolgte vielmehr in Deutschland wie im übrigen Ausland in der Weise, daß zunächst die Forderung nach Reinigung der Abwässer aus hygienischen Gründen gestellt wurde. Da die Reinigung Kosten verursacht, war man bestrebt, durch Verwertung der Abwässer die Kosten wenigstens teilweise zu decken. Erst im Laufe des letzten Jahrzehntes wurde die Technik sowohl in der Gasverwertung als auch in der landwirtschaftlichen Verwertung soweit entwickelt, daß heute die Frage gestellt werden kann: Läßt sich die Verwertung der Abwässer so gewinnbringend gestalten, daß es lohnend ist, eine Abwasserverwertungsanlage nur aus diesem Grunde zu bauen? Kann diese Frage bejaht werden, dann fällt uns die so wünschenswerte Reinhaltung der Vorflut als Göttergeschenk in den Schoß.

Eines ist klar; Es muß in jedem Falle angestrebt werden, die Verwertung so zu gestalten, daß der größte Ertrag erzielt wird. Der wird nur dann erreicht, wenn dem Abwasser der Schlamm entzogen und durch Ausfaulung das wertvolle Faulgas gewonnen wird. Der Ertrag der Gasverwertung soll die Kosten der Kläranlage decken.

Ferner muß angestrebt werden, die Verwertung des Faulschlammes als Humusdünger so zu gestalten, daß die Kosten durch die nutznießenden Landwirte bzw. Gärtner aufgebracht werden können. Jedenfalls darf die Kläranlage dadurch nicht zusätzlich belastet werden, da es sonst, rein kaufmännisch gedacht, billiger wäre, den ausgefaulten Schlamm z. B. in die Donau zu leiten, wo er bestimmt weniger verunreinigend wirkt als die derzeit übliche Einleitung ungereinigten Abwassers.

Eine landwirtschaftliche Verwertung der entschlammten Abwässer ist wieder eine Verwertungsanlage in sich und dort am Platze, wo der erforderliche Kostenaufwand durch die Mehrerträge in der Landwirtschaft gedeckt werden kann. Ein Kostenbeitrag der Stadt, wie er in Deutschland in vorflutschwachen Gegenden üblich ist, scheidet in Österreich wohl in der Regel aus, da die Flüsse entschlammtes Abwasser zumeist verdauen können. Dafür entfällt für die Landwirte der Zwang, das gesamte Abwasser ganzjährig abzunehmen, wodurch sich die Kosten der Verwertungsanlage vermindern.

Eine Sonderstellung nimmt die Verwertung entschlammten Abwassers in Fischteichen ein. Sie ist dort am Platze, wo die Geländeverhältnisse hierfür günstig sind und Verdünnungswasser vorhanden ist.

Jede künstliche vollbiologische Reinigung des Abwassers muß im allgemeinen als unwirtschaftlich abgelehnt werden, da es kaum Fälle geben wird, in denen diese Kosten abgedeckt werden können. Man wird nur dann dazu greifen müssen, wenn die hygienischen Forderungen unbedingt erfüllt werden müssen und ausreichendes Verwertungsgelände nicht zur Verfügung steht. Dagegen kann eine künstlich biologische Teilreinigung zuweilen wertvolle Hilfe sein. Auch die Düngerbereitung aus frischem (unausgefaultem) Schlamm kann nie wirtschaftlich sein, da die Kosten der notwendigen Kläreinrichtungen durch den Ertrag dieser Schlammverwertung nie ihre Deckung finden.

Damit ergeben sich im wesentlichen vier Arten von Abwässerverwertungsanlagen, nämlich die Faulgasverwertung, die Faulschlammverwertung, die weiträumige landwirtschaftliche Abwasserverwertung und das Fischteichverfahren.

b) Faulgasverwertung.

1. Faulgas als Stadtgas.

Die Verwendung des Faulgases als Stadtgas ist wohl die einfachste und natürlichste Art der Gasverwertung, da sie die geringsten zusätzlichen Aufwendungen erfordert. Zu den Gestehungskosten der Kläranlage nach Abb. 1 treten noch hinzu die Kosten für einen Raseneisenerzfilter (zur Entfernung des Schwefelwasserstoffes), für einen Gasmesser und für die Zuleitung zur nächsten Hauptgasleitung bzw. zum Gasbehälter. Wenn die Länge der Leitung nicht zu groß ist im Verhältnis zur anfallenden Gasmenge, dann wird sich diese Verwertungsart immer lohnen. Die Stadt München z. B. erhielt nur 4 Pfennig für 1 m³ Faulgas vom Gaswerk vergütet, deckte aber mit diesen Einnahmen die gesamten Betriebs- und Unterhaltungskosten der Kläranlage und lieferte 8% des Gaswärmebedarfes der Stadt (nach Stecher).

Da die Gasausbeute von der Temperatur abhängig ist, fällt in ungeheizten Schlammfaulräumen im Sommer mehr Gas an, als im Winter. Die Vermehrung kann 50 bis 80% erreichen. Es handelt sich hier nur um jahreszeitliche Schwankungen, während die täglichen Schwankungen gering sind. Für die Abgabe an das Gaswerk sind die Veränderungen in der Menge ohne große Bedeutung, so daß das Faulgas mengenmäßig stets voll ausgenutzt werden kann.

Heizwertmäßig ist das Faulgas dem üblichen Stadtgas stets weit überlegen, so daß die Beimischung nur qualitativ verbessernd wirkt. Wegen des Unterschiedes im Heizwert und der geringeren Zündgeschwindigkeit des Faulgases ist für gute Durchmischung mit dem Stadtgas zu sorgen, weshalb die Einleitung mindestens in einen Hauptversorgungsstrang des Gasleitungsnetzes erfolgen soll.

Die Wirtschaftlichkeit dieser Verwertungsart ist abhängig von dem Preis, den das Gaswerk vergüten will. Für einen m^3-Preis von 8 bis 10 Groschen, auf Vorkriegsbasis bezogen, würde sich die Errichtung einer Kläranlage nur für diesen Zweck in den meisten Fällen lohnen.

2. Faulgas als Treibstoff.

Verdichtetes Gas ist im letzten Jahrzehnt als Treibstoff zum Antrieb von Kraftfahrzeugen im Stadtbereich in steigendem Umfang verwendet worden. Vorwiegend bildeten Stadtgas und andere Industriegase den Ausgangsstoff, man ist aber in vielen deutschen Städten dazu übergegangen, auch Faulgas aus städtischen Kläranlagen hierfür zu verwenden (Imhoff, Taschenbuch, S. 196). Durch seinen hohen Heizwert nach Entfernung der Kohlensäure ist es dem Stadtgas unbedingt überlegen.

Für die Gasverdichtung ist zusätzlich erforderlich: 1 Speicheranlage (Gasbehälter), 1 Waschturm, 1 Vierstufenverdichter, 1 Hochdruckspeicher und 1 Gasmesser. Durch die Auswaschung der Kohlensäure erhält man aus 1 m^3 Faulgas rund 0·7 m^3 Methan mit einem unteren Heizwert von 8500 WE, so daß 1 m^3 Methan etwa 1 Liter flüssigem Treibstoff entspricht.

Die Wirtschaftlichkeit dieser Verwertungsart geht aus folgender vereinfachten Überlegung hervor. Angenommen, der Heizwert des Stadtgases hätte nur 50% des Heizwertes des Methans, dann darf der Verkaufspreis des verdichteten Methangases um 100% höher liegen, als der des Stadtgases. Wird ferner angenommen, daß die Verdichtungskosten des Methans infolge zusätzlicher Anordnung eines Gasspeichers und Waschturmes ebenfalls um 100% höher liegen als beim Stadtgas, dann darf auch das unverdichtete Methangas um 100% im Preis höher liegen als das unverdichtete Stadtgas. Der Erzeugungspreis des Faulgases wird aber in den seltensten Fällen höher liegen als der Einheitspreis des Stadtgases, welches bisher für Verdichtungsanlagen geliefert wurde.

Weitere Vorteile der Verwendung des hochwertigen Gases als Treibstoff ist der geringere Flaschenbedarf, der größere Fahrbereich der Fahrzeuge u. a. m. Ein Nachteil liegt vielleicht darin, daß dieses Gas nur in beschränktem Umfang zur Verfügung steht und daß der Gasanfall jahreszeitlich verschieden ist. Durch Heizung der Faulräume mit Faulgas selbst kann der Gasanfall vielleicht etwas erhöht, nicht aber der jahreszeitliche Unterschied ausgeglichen werden, es sei denn, daß man fremde Heizstoffe verwendet.

Die Wirtschaftlichkeit dieser Gasverwertung hängt aber vor allem von den Inlandspreisen der flüssigen Treibstoffe ab. Es liegen heute genügend Erfahrungen über den Antrieb von Kraftfahrzeugen mit verdichteten Gasen vor, daß diese Frage von berufenen Fachleuten auch unter den gegenwärtigen Zeitverhältnissen eingehender geprüft werden kann.

3. Faulgas zur Stromerzeugung.

Die Erzeugung von elektrischer Energie mit Hilfe von Faulgasmotoren wurde früher vielfach auf Kläranlagen eingerichtet, besonders dann, wenn der Kraftstrom auf der Kläranlage selbst gebraucht wurde (z. B. für künstlich biologische Reinigungsanlagen). In der letzten Zeit ist man davon mehr abgekommen, da sich die Verwertungsart als Treibstoff vorteilhafter erwies. Elektrischer Strom steht vielfach sehr billig und in ausreichender Menge zur Verfügung. Die Gestehungskosten für die Stromerzeugung mit Faulgasmotoren betragen rund 7 bis 10 Pf/kWh, ein Preis, um den der Strom in der Regel auch von anderen Kraftzentralen bezogen werden kann. Trotzdem kann in Sonderfällen auch diese Verwertungsart Bedeutung haben.

4. Sonstige Faulgasverwertung.

Es gibt noch andere Möglichkeiten der Faulgasverwertung, deren Wirtschaftlichkeit je nach den Verhältnissen besonders geprüft werden muß. Anzustreben ist die unmittelbare Nutzung der Wärmeenergie, da jede Umwandlung in eine andere Energieform mit Verlusten verbunden ist. Es seien hier nur einige Möglichkeiten angedeutet.

Man kann das Gas verdichten und die Haushalte, welche keinen Stadtgasanschluß haben, damit beliefern, wie dies mit anderen hochwertigen Industriegasen (Propan, Butan) bereits üblich ist. Man kann das Gas unmittelbar als Wärmequelle benutzen, z. B. für die Warmwasserbereitung eines Bades u. a. m.

Jede Nutzung ist geeignet, bei der ein möglichst konstanter ganzjähriger Bedarf vorliegt, wobei man allerdings nicht immer mit 100%iger Ausnutzung rechnen können wird. Man kann sich jedoch dadurch behelfen, daß man den Fehlbetrag im Winter durch andere Heizstoffe (Stadtgas) ersetzt. Es muß nur der Wille vorhanden sein, diese Energiequelle zu erschließen, dann wird sich in den meisten Fällen auch ein Weg finden, die Verwertung technisch zu lösen.

c) Faulschlammverwertung.

Mit dem landwirtschaftlichen Wert des Faulschlammes haben sich die verschiedenen Fachleute gerade in den letzten Jahren sehr eingehend befaßt.* Die Zusammenfassung aller vorteilhaften Eigenschaften des Faulschlammes ergibt etwa folgendes Bild.

1. Allgemeines:

Ausgefaulter Schlamm ist im Gegensatz zum frischen Schlamm geruchlos und zieht keine Fliegen an, hat geringeren Wassergehalt und gibt das Wasser leicht ab. Im getrockneten Zustand hat er krümeliges Gefüge, schwärzliche Färbung und läßt keine Bestandteile mehr erkennen, die auf seine Herkunft hindeuten. Sämtliche Unkrautsamen haben mit wenigen Ausnahmen (Tomaten) ihre Keimfähigkeit verloren. Faulschlamm hat sich als Humusdünger auf die Dauer in jeder Beziehung bewährt.

2. Hygienische Vorteile:

Mit dem frischen Schlamm wird in den Absetzbecken ein Großteil der Krankheitskeime niedergeschlagen und gelangt in den Faulraum. In faulendem Material gehen die meisten Krankheitskeime in wenigen Tagen zugrunde. Typhusbazillen werden nach drei Tagen vernichtet und auch Wurmeier zerstört. Nur Milzbrandsporen und Tuberkelbazillen können widerstehen, doch läßt die Virulenz ihrer Keime nach.

3. Humus- und Düngerwert:

Ein Drittel der Trockensubstanz des Faulschlammes besteht aus reinem Humus. Rechnet man mit einem Humusanfall von 14 g je Einwohner und Tag (nach Husmann), dann beträgt für eine Stadt von 100000 Einwohnern der jährliche Anfall Reinhumus rund 500 t. Jeder Landwirt kennt heute die Bedeutung des Humus für seinen Boden und ist laufend bestrebt, durch Stalldünger, Jauche,

* Schrifttumhinweis am Schluß der Abhandlung.

Gründüngung und Kompost seinem Acker Humus zuzuführen. Rund 12500 t Reinhumus als Trockensubstanz gerechnet (für 2·5 Millionen Stadteinwohner Österreichs) werden aber heute noch fast zur Gänze jährlich durch die Donau ins Schwarze Meer getragen.

Der Düngerwert des Faulschlammes ergibt sich aus folgender Gegenüberstellung: Im Stallmist sind enthalten (nach Düngerfibel) i. M. 17% organische Masse 0·25 bis 0·90% i. M. 0·43% Stickstoff, 0·10 bis 0·60 i. M. 0·21% Phosphorsäure, 0·16 bis 1·60 i. M. 0·63% Kali.

Im Faulschlamm mit 50 bis 70% Wassergehalt (stichfest) ist zu finden (nach Müller und Falck) 16 bis 23 i. M. 20% organische Masse, 0·42 bis 1·12 i. M. 0·80% Stickstoff, 0·30 bis 0·80 i. M. 0·45% Phosphorsäure, 0·02 bis 0·10 i. M. 0·05% Kali.

Der Vergleich zeigt, daß in stichfestem Faulschlamm mehr Nährstoffe vorhanden sind, als in der gleichen Menge Stallmist und daß das Verhältnis des Stickstoffes zur Phosphorsäure ungefähr das gleiche ist. Nur kaliarm ist der Faulschlamm, da Kali im Abwasser hauptsächlich in gelöster Form vorhanden ist. Dieser Mangel kann durch Zudüngung mit Handelsdünger leicht ausgeglichen werden.

4. Verwertungsmöglichkeiten:

Der Faulschlamm ist also dem Stallmist ebenbürtig. Er müßte daher im Preis ebenso bewertet werden wie der Stallmist, das wäre nach Düngerfibel mit 1·40 RM je 100 kg frei Verwendungsstelle. Die Kosten für Unterhaltung, Betrieb und Kapitaldienst einer Schlammtrocknungsanlage erreichen bei weitem nicht diese Preishöhe. Verteuernd wirkt nur die Abfuhr, deren Kosten mit der Entfernung stark ansteigen.

Gegen die Schlammtrocknung sprechen aber nicht nur die hohen Abfuhrkosten, sondern auch die Tatsache, daß die Verluste an Nährstoffen und Humus um so größer werden, je weiter die Trocknung getrieben wird (Müller). Es ist klar, daß nach dem Verlassen des Faulraumes die Abbauvorgänge weitergehen und an der Luft unter Einwirkung aerober Bakterien eine weitgehende Mineralisierung Platz greift. Ammoniakstickstoff entweicht in die Luft und Salpeterstickstoff wird durch das Dränwasser meist ungenutzt in den Vorfluter geleitet. Davon kann man sich überzeugen, wenn man das Sickerwasser der Trockenplätze auf den Nitratgehalt nachprüft.

Um dem zu begegnen, kann man zwei Wege beschreiten. Entweder man vermischt den nassen Faulschlamm mit aufsaugenden Stoffen (Torfmull, Müll) und gewinnt dadurch einen streufähigen Dünger (z. B. Biohum) mit wesentlich geringeren Nährstoffverlusten (Falck).

Ein anderer Weg besteht darin, den Naßschlamm unmittelbar auf die Felder zu pumpen und ihn dort unverdünnt oder verdünnt zu verrieseln. Nimmt man als Verdünnungswasser irgend ein natürliches Reinwasser (Fluß, Teich, See), so kann das Verfahren genau so geübt werden, wie das in den Alpenländern weitverbreitete Gülleverfahren (Schneiter). Der Faulschlamm entspricht in der Zusammensetzung dem Harn- und Kotgemisch der Haustiere und bedarf nur der ausreichenden Verdünnung, um in geeigneter Weise vergüllt werden zu können. Da der Faulschlamm geruchlos ist, kann dieses Verfahren auch in unmittelbarer Stadtnähe angewandt werden und so dieser wertvolle Humusdünger den an Wirtschaftsdünger notleidenden Gemüsegärtnern am Rande der Stadt zugutekommen. Die Zuleitungskosten werden wegen der geringen Entfernung und der schwachen

Leitung und Pumpe nicht hoch sein. Die Verdünnung kann bereits auf der Kläranlage oder in einem geeigneten Punkt des Verwertungsgeländes erfolgen und ist abhängig von den geringsten Zuleitungskosten für das Verdünnungswasser.

Faulschlamm, aus dem Faulbehälter abgelassen, hat im Mittel (Müller, Falck) 85% Wasser, 0·3% Stickstoff, 0·18% Phosphorsäure, 0·015% Kali. Ein Stadteinwohner liefert jährlich 0·25 mal 365 = rund 90 Liter Faulschlamm oder rund 0·003 mal 90 = 0·27 kg Stickstoff. Um einem ha Gemüseland 80 kg Stickstoff jährlich zuzuführen, braucht man den Faulschlamm von 80 : 0·27 = 300 Einwohnern. Damit entfällt auf einen Einwohner $\frac{10\,000}{300} = 33\ m^2$ Gemüseland, so daß ein Großteil des Düngerbedarfes für das erforderliche Gemüseland einer Stadt damit gedeckt ist. Darüber hinaus steht noch das Faulraumwasser zur Verfügung, welches stark verdünnten Faulschlamm darstellt und täglich mit etwa 0·75 l/E anfällt (1·0 l — 0·25 l). Es kann in gleicher Weise wie der Faulschlamm verwendet werden.

Man kann die Güllerei mit Faulschlamm auch für Graslandkultur zur Milcherzeugung verwenden und damit der steten Knappheit an Futtermitteln begegnen. Nach Schneiter werden durch die Futterpflanzen dem Boden jährlich 175 kg Stickstoff/ha entzogen. Dem entspricht die Faulschlammenge von 175 : 0·27 = 650 Stadteinwohnern. Da 1 ha gut gepflegtes Grasland bis zu zwei Kühe zu ernähren vermag, können die 2·5 Millionen Stadteinwohner Österreichs den Stickstoffdünger für das Grasland zur Ernährung von rund

$$\frac{2\,500\,000}{650} \cdot 2 = 7700$$

Kühen liefern. Man könnte daraus wieder auf die vermehrte Milchleistung schließen, doch würde das den Rahmen dieser Abhandlung überschreiten, da nur beabsichtigt ist, dem Landwirt hier neue Wege anzudeuten. Zum Schluß sei noch die technische Durchführung eines solchen Projektes an Hand eines Beispieles erläutert.

In Abb. 2 ist eine Faulgas- und Faulschlammverwertung dieser Art für eine Stadt von 100 000 Einwohnern vereinfacht dargestellt. Die Größe des bebauten Stadtgebietes ergibt sich bei 200 E/ha

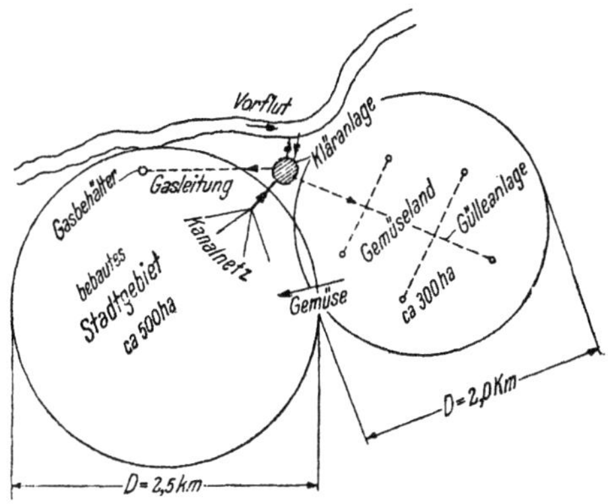

Abb. 2. System einer landwirtschaftlichen Abwasserverwertung

mit 500 ha. Das mit Faulschlammdünger zu versorgende Gemüseland beträgt bei rund $30 \, m^2/E =$ $= 300$ ha. Die Kläranlage wird am Tiefstpunkt des Geländes in der Nähe des Vorfluters liegen. Das Faulgas wird zum Gasbehälter der Stadt geleitet, der Faulschlamm mit Flußwasser verdünnt den einzelnen landwirtschaftlichen Betrieben (Gemüsegärtnern) zugepumpt.

Wesentlich ist, die teuren Leitungen so kurz wie möglich zu halten. Da die Kläranlage geruchlos arbeitet und auch die ganze Vergüllung geruchlos ist, braucht auf die Wohngebiete keine

Rücksicht genommen werden. Es muß durchaus nicht das ganze Abwasser der Stadt an einem Punkt gesammelt werden. Wie ich noch an anderer Stelle nachweisen werde,* tritt über 30000 Einwohner eine Verbilligung der Bau- und Jahreskosten einer Kläranlage kaum ein. Eine Stadt mit 100000 Einwohnern und darüber kann also ohne weiteres mehrere Anlagen in der Stadt, entsprechend den einzelnen Entwässerungsgebieten, errichten, wenn dadurch die Leitungen zu den Verwertungsstellen kurz gehalten werden können.

Es ist nicht mehr richtig, hohe Kosten dafür aufzuwenden, um das gesamte Abwasser aus einer Großstadt durch teure Sammler oft viele Kilometer weit aus dem Stadtgebiet herauszuführen, um dann ferne der Stadt eine Groß-Kläranlage errichten zu können. Naturgemäß sind dann oft ebenso lange Leitungen für die Gas- und Schlammverwertung erforderlich. Die ersparten Kosten für den Hauptsammler allein genügen oft schon, um im Stadtgebiet kleinere Anlagen zu errichten, die oft viel günstiger zu den Verwertungsstellen liegen.

Schneiter hat die Wirtschaftlichkeit des neuzeitlichen Güllereibetriebes sehr eingehend untersucht und einen erheblichen Überschuß des erzielten Mehrertrages über die aufgewendeten Mehrkosten nachgewiesen. Wenn nun an Stelle der Harn- und Mischgrube in jedem Betrieb eine zentrale Mischgrube z. B. in der Kläranlage angelegt und die fertige Gülle den einzelnen Betrieben zugepumpt wird, dann dürften sich Bau- und Jahreskosten noch wesentlich senken lassen. Es ist dann Sache des Landwirtes zu entscheiden, ob unter gegebenen Verhältnissen die Begüllung von Gemüseland oder Grasland geeigneter erscheint. Billige Zufuhr von wertvollem Humusdünger und nahes

* Siehe Abschnitt VI.

Absatzgebiet für die Bodenfrüchte sind Vorteile, die bestimmt nicht unterschätzt werden dürfen (Abb. 2).

d) *Weiträumige landwirtschaftliche Abwasserverwertung.*

Für die weiträumige landwirtschaftliche Verwertung steht das entschlammte Abwasser zur Verfügung. In den weitaus meisten Fällen wird die Stadt den mechanisch gereinigten Abfluß der Kläranlage ohneweiters dem Vorfluter übergeben können, so daß sie nicht verhalten werden kann, zur landwirtschaftlichen Nutzung des Abwassers finanziell beizutragen. Die Verrieselung oder Verregnung soll nicht in zu großer Stadtnähe erfolgen, da mit Geruchsbelästigung zu rechnen ist.

Es steht außer Zweifel, daß es auch in Österreich große, landwirtschaftlich genutzte Flächen gibt, deren Ertrag durch düngende Bewässerung ganz wesentlich gesteigert werden kann. Man sollte in keinem Falle versäumen, die Frage der landwirtschaftlichen Abwasserverwertung zu prüfen, sobald irgendwo eine Kläranlage gebaut werden muß.

Es ist praktisch unmöglich, über die Kostenfrage mehr als Andeutungen zu machen, wie dies in Abschnitt II b geschehen ist. Die Verhältnisse sind so verschieden, daß jeder Fall gesondert untersucht werden muß. Man kann auch ausgefaulten Schlamm dem Abwasser zusetzen und gleichzeitig mit diesem verrieseln oder verregnen, doch ist dabei zu beachten, daß sich dieser Schlamm leicht absetzt, wenn das Abwasser irgendwo während der Verteilung zur Ruhe kommt. Da in der Regel kein Zwang besteht, das Abwasser in vollem Umfange und ganzjährig zu übernehmen, kann die Anlage nach rein landwirtschaftlichen Gesichtspunkten voll ausgenutzt werden. Teure Speicheranlagen und Bodenfilter können entfallen, Pumpen und Leitungen nach dem landwirtschaftlichen Höchstwasserbedarf bemessen werden.

Der Düngerwert des Abwassers hat durch die Entschlammung nur geringe Einbuße erlitten. Für mittlere Verhältnisse (100 l/E Tg) vermindert sich der Düngerwert nach Tabelle 1. Dies kann bei der Festlegung der einzelnen Abwassergaben sinngemäß berücksichtigt werden.

Tabelle 1. Verminderung der Nährstoffe durch Schlammentzug.

Nährstoffe	Nährstoffgehalt des Rohwassers g/m³	Entzug durch Klärung %	Nährstoffgehalt des geklärten Abwassers g/m³
Stickstoff	80	12	70
Phosphorsäure	24	30	17
Kali	60	10	54

Eine vollbiologische Reinigungsanlage neu zu bauen wird in Österreich für die nächste Zeit wohl nicht in Frage kommen, wohl aber ist es denkbar, vorhandene, unzureichend reinigende biologische Anlagen durch landwirtschaftliche Abwasserverwertungsanlagen zu ersetzen oder zu ergänzen.

e) Fischteiche.

In den gebirgigen Gebieten Österreichs kann die Anlage von Fischteichen, nachgeschaltet einer Gasgewinnungsanlage, sehr nützlich sein, besonders wenn es an Landflächen für die weiträumige Abwässerverwertung mangelt. Verdünnungswasser aus irgendeinem Bachzufluß und das nötige Gefälle werden oft vorhanden sein.

Während man für die weiträumige Abwasserverwertung auf 1000 Einwohner 25 bis 30 ha benötigt, kommt man bei Fischteichen mit 0·5 ha aus (Imhoff, Taschenbuch, S. 162). Der Ertrag ist 500 kg Fischfleisch auf 1 ha im Jahr oder 0·25 kg/E im Jahr und wird diese Einnahme in vielen Fällen die an sich geringen Betriebskosten und den Kapitaldienst reichlich decken.

V. Schlußwort.

Das Ergebnis der ganzen Betrachtungen kann wie folgt zusammengefaßt werden:

1. Die Abwassertechnik ist heute so weit fortgeschritten, daß eine restlose Verwertung der Stadtabwässer in Österreich durchaus möglich ist.

2. Die Technik der Abwasserverwertung ist heute so weit entwickelt und erprobt, daß in vielen Fällen die Aufwendungen durch den Ertrag gedeckt werden, ja daß darüber hinaus die Verwertung gewinnbringend gestaltet werden kann.

3. Es ist daher an der Zeit, Kläranlagen nicht mehr als verlustbringende und nur mehr im Interesse der Volksgesundheit notwendige Einrichtungen zu betrachten, zu deren Erbauung man sich nie entschließen kann, da die Städte immer vordringlichere Bauvorhaben zu finanzieren haben. Bauen wir richtige Abwasserverwertungsanlagen, die Gewinn bringen und Stadt und Land eine laufende Einnahmequelle bieten. Je vollkommener die Verwertung durchgeführt wird, um so vollkommener werden die Abwässer gereinigt.

4. Die vollkommenste und gleichzeitig ertragreichste Verwertung besteht darin,

a) daß der Schlamm dem Abwasser entzogen, ausgefault und in diesem Zustande als Humusdünger der Landwirtschaft zur Verfügung gestellt wird;

b) daß das bei der Ausfaulung anfallende Faulgas möglichst gewinnbringend verwertet wird;

c) daß das entschlammte Abwasser weiträumig landwirtschaftlich verwertet wird. An Stelle dieser Verwertungsart kann auch die Verwertung in Fischteichen treten.

5. Österreich konnte sich in den besten Zeiten nur bis zu 75% mit Lebensmitteln selbst versorgen. Eine Ausweitung der landwirtschaftlich genutzten Bodenflächen ist wegen des Gebirgscharakters eines Großteiles des Landes nicht mehr möglich. Wohl aber kann der Ertrag des Bodens gesteigert werden, doch fehlt hierfür vor allem der notwendige Humusdünger.

Die landwirtschaftliche Verwertung der Stadtabwässer liefert dem Lande Humus und Dünger, die Grundlagen aller Fruchtbarkeit. In Notzeiten, besonders jetzt nach diesem schrecklichsten aller Kriege, ist es daher die vornehmste Pflicht der Stadtverwaltungen und der Landwirte zu prüfen, in welcher wirtschaftlichsten Form dieser Humusdünger dem Boden zugeführt werden kann, um seinen Ertrag zu heben.

Sollte in manchen Fällen durch Ungunst der Verhältnisse eine gewinnbringende Lösung für die Beteiligten nicht ganz gesichert sein, dann wäre es die Aufgabe des Staates, im Interesse der Allgemeinheit in geeigneter Form das finanzielle Risiko mit tragen zu helfen.

VI. Die Wirtschaftlichkeit der städtischen Abwasserverwertung.

A. Wirtschaftliche Bauformen für Kläranlagen.

1. Allgemeine Überlegungen.

Wenn man die vorhandenen Kläranlagen Deutschlands und auch des übrigen Auslandes mit den kritischen Augen des Statikers und des in wirtschaftlicher Baugestaltung geschulten Fachmannes betrachtet, gleichzeitig aber auch die notwendigen Einblicke in die abwassertechnischen Belange und in den Betrieb von Kläranlagen besitzt, ist man überrascht, welch unwirtschaftliche Bauformen sich in diesem Fachgebiet eingenistet haben. Die Ursache liegt wohl darin, daß der Statiker, wenn überhaupt, als letzter zum Entwurf gehört wird und der Abwassertechniker meist ängstlich darauf bedacht ist, daß an seinem Entwurf — der in Teilen oft patentrechtlich geschützt ist — ja nichts geändert wird.

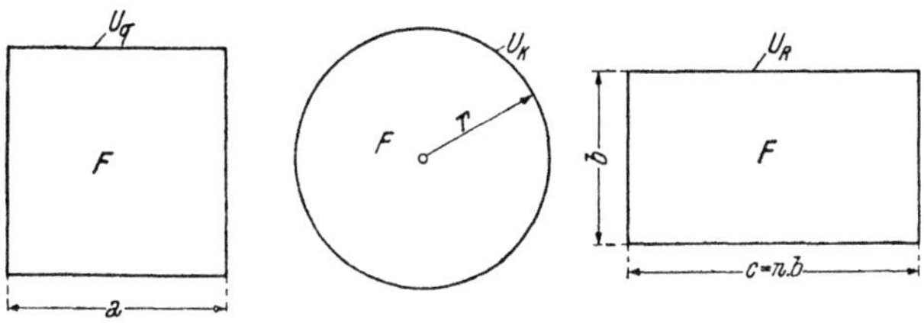

Abb. 3. Verhältnis der Mantelflächen bei gleichem Rauminhalt.

Schon einfache geometrische Überlegungen bestimmen das kleinste Ausmaß der Mantelfläche bei gleichem Rauminhalt (Abb. 3). Der Vergleich des Quadratumfanges mit dem Kreisumfang bei gleichem Flächeninhalt ergibt die Beziehung $a = r\sqrt{\pi}$ bzw. $U_q = 1{\cdot}13\,U_k$, d. h. die Seitenwandung eines Prismas mit quadratischem Querschnitt ist um 13% größer als die des Zylinders vom gleichen Rauminhalt. Nimmt der Querschnitt Rechteckform an mit den Abmessungen $c = n \,.\, b$ (Abb. 3), dann ist der Umfang des Rechteckes bei einem Verhältnis $n = 2$, 3, 4, 5 um 20, 30, 41, 52% größer als der Kreisumfang bei gleichem Inhalt. Die Kosten eines Eisenbetonbehälters wachsen fast verhältnisgleich mit der Größe der Mantelfläche, so daß für den Behälterbau schon aus diesem Grunde die Zylinderform jeder anderen vorzuziehen ist.

2. *Statische Folgerungen.*

Noch stärker tritt der Preisunterschied in Erscheinung, wenn man die statische Beanspruchung der Behälterwände durch die in der Regel sehr großen Erd- und Wasserdrücke vergleicht. Es gilt

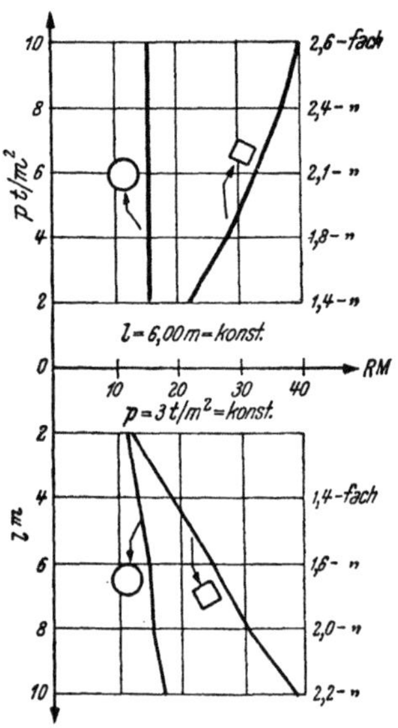

Abb. 4. Außendruck.

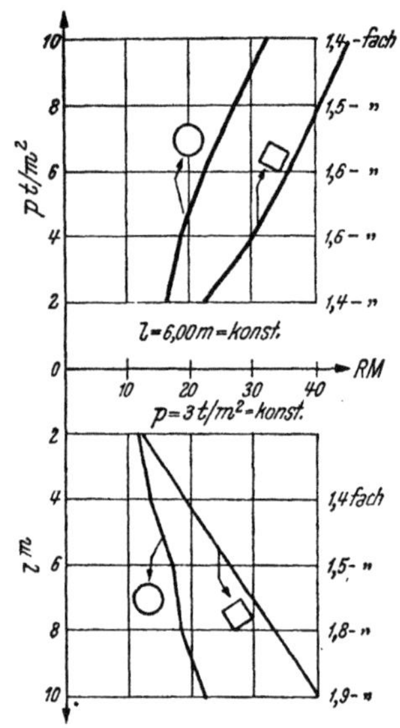

Abb. 5. Innendruck.

nach Abb. 3 als Bedingung gleichen Flächeninhaltes die Beziehung $l = r\sqrt{\pi}$. Der Kostenberechnung ist die Querschnittsbemessung des quadratischen Rahmens mit der Seitenlänge l zugrunde zu legen und erfolgt diese für das maßgebende Feldmoment $M = \frac{p\,l^2}{24}$. Hiezu tritt die Axialkraft $N = \frac{p\,l}{2}$, welche für den Außendruck eine Druckkraft und für den Innendruck eine Zugkraft ist.

Um einen Anhaltspunkt über die Preisunterschiede zu gewinnen, wurde der quadratische Rahmen und der Kreisring für verschiedene Belastungen und Spannweiten bzw. Durchmesser statisch bemessen und der Preis auf gleicher Grundlage er-

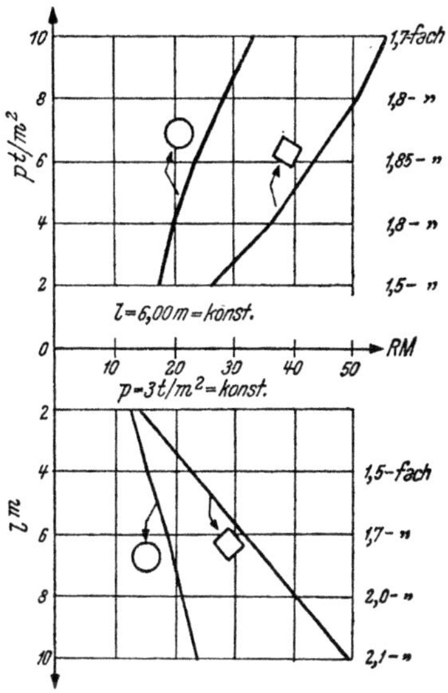

Abb. 6. Außen- und Innendruck.

mittelt. Für die statische Berechnung wurde angenommen:

Biegespannungen im Rahmen:

$$\sigma_b/\sigma_e = 40/1200 \text{ kg/cm}^2.$$

Zugspannungen im Ring:

$$\sigma_{bz} = 10 \text{ kg/cm}^2,\ \sigma_e = 1000 \text{ kg/cm}.$$

Druckspannungen im Ring:

$$\sigma_{bd} = 30 \text{ kg/cm}^2.$$

Bei Unterbemessung wurden die aus baulichen Gründen erforderlichen Mindeststärken und Eisen-

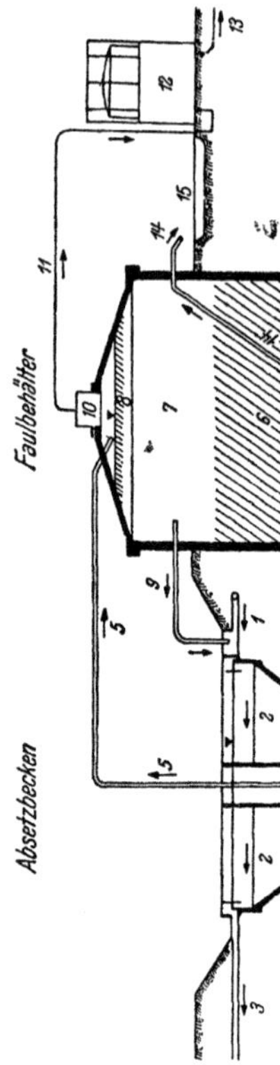

Abb. 7. Type einer wirtschaftlichen Abwasserverwertungsanlage.

Erläuterung:

1 Abwasserzulauf
2 Absetzraum
3 Ablauf des geklärten Abwassers
4 Abgesetzter Frischschlamm
5 Frischschlammleitung
6 Ausgefaulter Schlamm
7 Faulraumwasserzone
8 Schwimmschlamm
9 Faulraumwasserablauf
10 Gassammelraum
11 Gasleitung zum Gasbehälter
12 Gasbehälter
13 Zur Gasverwertung
14 Faulschlammablauf
15 Schlammtrockenplatz

einlagen vorgesehen. Der Kostenvergleich erfolgte auf nachstehender Preisgrundlage der Vorkriegszeit:[1]

[1] Die nachstehenden Preise sind Erfahrungswerte, welche an vielen in Deutschland in der Zeit zwischen den beiden Kriegen ausgeführten Anlagen gesammelt wurden und sind daher in deutschen RM angegeben. Umrechnungsfaktoren gestatten in einfachster Weise die Umrechnung dieser Preise in jede Währung und sogar nach der jeweiligen Kaufkraft dieser Währung.

Beton 1:4:	RM 45·—/m³
Rundeisen:	RM —·33/kg
Ebene Schalung:	RM 2·50/m²
Runde Schalung:	RM 3·50/m².

Das Ergebnis der umfangreichen Rechenarbeit ist in Abb. 4 bis 6 niedergelegt. Abb. 4 zeigt den Kostenvergleich bei einem Außendruck p in t/m², wie er bei allen Erdbehältern in leerem Zustand durch den Erddruck und auch durch Grundwasser auftritt. 1 m² der Wandung eines Behälters mit quadratischem Querschnitt kostet demnach das 1·4- bis 2·6fache der Wandung des Behälters mit kreisförmigem Querschnitt, je nach Spannweite und Belastung.

Abb. 5 zeigt den Vergleich bei einem Innendruck p in t/m², doch sind hier die Unterschiede nicht ganz so groß, weil die nur sehr niedrig angesetzten Zugspannungen im Kreisring den Unterschied etwas ausgleichen, doch beträgt er immer noch das 1·4- bis 1·9fache.

Häufig wirkt Außen- und Innendruck wechselweise, daher wurde dieser Kostenvergleich in Abb. 6 dargestellt und erbrachte ähnliches Ergebnis. Berücksichtigt man noch die um 13% größere Mantelfläche der quadratischen Grundform, so kann man ganz allgemein sagen, daß für mittlere Verhältnisse die lotrechte Mantelfläche des Behälters mit quadratischem Horizontalschnitt fast das Doppelte kostet wie die Mantelfläche eines Behälters gleichen Inhaltes mit kreisförmigem Horizontalschnitt.

3. *Wirtschaftliche Gestaltung von Absetzbecken.*

Nach diesen Überlegungen ist die wirtschaftlichste Ausführungsform eines Absetzbeckens in Abb. 7 dargestellte Tiefbecken in kreisrunder Bauart. Dabei kann das Abwasser den Absetzraum horizontal durchfließen oder auch in der Mitte eingeführt werden und in senkrechter Wasserbewegung den Schlamm absetzen (Imhoff, S. 105).[2] Diese Beckenform hat den Vorteil, daß die trichterförmige Außenwand statisch überhaupt nicht beansprucht wird. Die Wandung des tiefliegenden Schlammbrunnens hat bei leerem Behälter nur unwesentliche Druckbeanspruchung auszuhalten und bei wassergefülltem Behälter wird der innere Wasserdruck zum Teil durch den äußeren Erddruck aufgehoben.

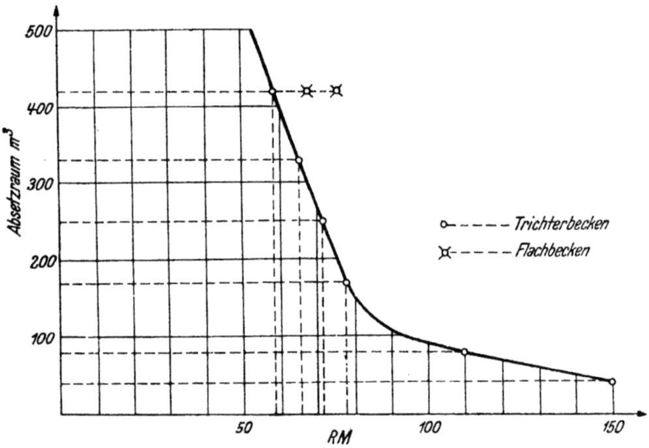

Abb. 8. Baukosten von Absetzbecken.

Infolge der Tiefgründung ist diese Ausführung der Größe nach beschränkt, jedoch bis zu einem nutzbaren Absetzraum von 400 bis 500 m³ noch praktisch gut durchführbar. Kläranlagen werden gern mehrteilig gemacht, um bei Instandsetzung eingetretener Schäden ein Becken stillsetzen zu können, ohne damit gleichzeitig den ganzen Klärbetrieb einstellen zu müssen. Um nun die Abhängigkeit der Baukosten von der Größe der Becken kennenzu-

[2] Schrifttum am Schluß der Abhandlung.

lernen, wurden verschiedene Fälle durchgerechnet und die Baukosten ermittelt. Das Ergebnis zeigt Abb. 8.

Die Preisgrundlage für die Kostenermittlung, etwa den Vorkriegsverhältnissen entsprechend, war folgende:

100 kg Zement frei Baustelle	RM 5·—	(Ze)
1 m^3 Sand oder Kies frei Baustelle	RM 12·—	(S)
100 kg Rundeisen frei Baustelle ..	RM 20·—	(E)
1 m^2 Schalholz frei Baustelle	RM 2·—	(H)
1000 St. Ziegel frei Baustelle	RM 60·—	(Zi)
1 Maurerstunde................	RM 1·10	(A)

Da damit bis zu 95% alle Baustoffe und Arbeitslöhne erfaßt sind, kann man auf jede andere Preisgrundlage umrechnen, wenn man den Anteil jedes Einzelpreises an den Gesamtpreis kennt. Der Umrechnungsfaktor ist für das Absetzbecken:

$$K_a = 0{\cdot}10\,Ze + 0{\cdot}08\,S + 0{\cdot}10\,E + 0{\cdot}04\,H + \\ + 0{\cdot}04\,Zi + 0{\cdot}64\,A.$$

Beträgt zum Beispiel der Zementpreis S 5·50 statt RM 5·—, dann ist $Ze = \frac{5{\cdot}50}{5{\cdot}00} = 1{\cdot}10$ usw. einzusetzen und der Einheitspreis mit K_a zu vervielfachen.

Der erforderliche Absetzraum ist gegeben durch (Imhoff, S. 70 und 98) $A = \frac{1}{1800} E \,.\, q \,.\, t$ in m^3, wenn E = Einwohnerzahl, q = Kopfwasserverbrauch in l/Tag, t = gewünschte Absetzzeit in Stunden ist. (Für $q = 100\,l/KT$ und $t = 1{\cdot}5$ h ist bei 50.000 Einwohnern zum Beispiel $A = 416\,m^3$.) Man kann also noch für eine Stadt von 100.000 Einwohner mit 2 Becken zu 420 m^3 auskommen. Unter 150 m^3 (20.000 Einwohner) beginnen die Baukosten stark zu wachsen und erreichen bei 40 m^3 ($\sim$ 5000 Einwohner) nahezu den doppelten Wert.

Der Kostenermittlung wurden mittlere Bodenverhältnisse mit mäßigem Grundwasserandrang zugrunde gelegt. Bei hohem Grundwasserstand, mächtigen Schwimmsandschichten oder felsigem Untergrund will man Tiefgründung möglichst vermeiden, da die Kosten ganz erheblich ansteigen können. Man stellt dann Flachbecken mit fahrbaren Schlammausräumern her (Imhoff, S. 104). Bei Großanlagen werden auch ohne Gründungsschwierigkeiten vielfach Flachbecken bevorzugt, weshalb auch diese Frage kurz geprüft werden soll.

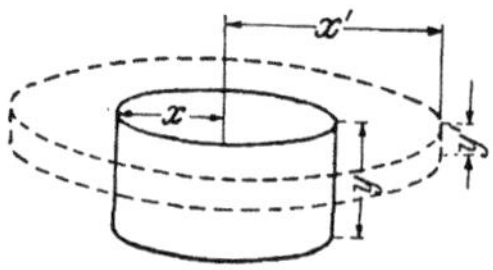

Abb. 9. Flach- und Tiefbecken.

Nach den bisherigen Überlegungen kommen nur kreisrunde Becken in Betracht. Es ist zunächst von Belang, sich über die Veränderung der Mantelfläche zu unterrichten, wenn sich das Verhältnis des Halbmessers zur Höhe ändert (Abb. 9). Der oben offene Zylinder hat mit den Bezeichnungen nach Abb. 7

$$\text{Oberfläche} \quad O = x^2 \pi + 2 x \pi . y,$$

$$\text{Inhalt} \quad J = x^2 \pi . y \text{ oder } y = \frac{J}{x^2 \pi},$$

$$O = x^2 \pi + \frac{2J}{x} = \text{Minimum}$$

$$\text{für } \frac{dO}{dx} = 0; \qquad x = y = 0.683 \sqrt[3]{J}.$$

Die Mantelfläche hat den Kleinstwert, wenn die Höhe des Zylinders gleich dem Halbmesser ist. Wenn man J als Konstante gleich 1 setzt, dann besteht zwischen O, x und y die Beziehung:

$$O = x^2 \pi + 2 x \pi . y \text{ und } y = \frac{1}{x^2 \pi}.$$

Die bezüglichen Kurven sind in Abb. 10 dargestellt. Daraus lassen sich folgende wichtige Sätze ablesen:

1. Wenn man von dem Verhältnis 1 : 1 zwischen Halbmesser x und Höhe y nur wenig abweicht, vermehrt sich die Oberfläche nur geringfügig. So ist für Höhe gleich dem Durchmesser ($\sim$ 0·8 x) die Oberfläche nur um 5% größer.

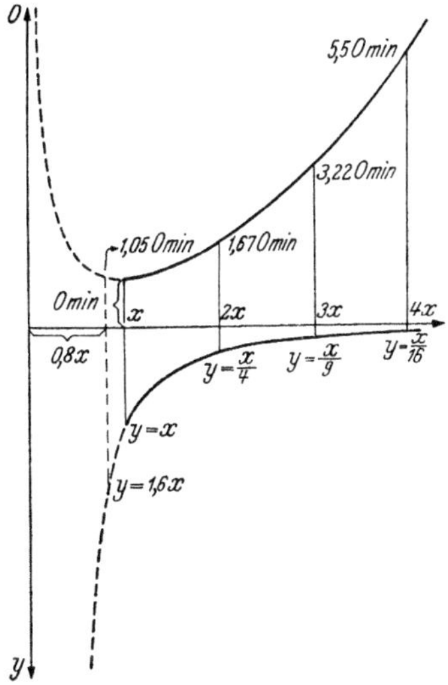

Abb. 10. Zylinderbecken mit gleichem Inhalt.

2. Vergrößert man jedoch den Halbmesser auf das Zwei-, Drei-, Vierfache, so vergrößert man die Mantelfläche O auf das 1·67-, 3·22-, 5·5fache des Kleinstwertes.

Schon daraus ergibt sich zunächst eine Verteuerung des Flachbeckens gegenüber dem Tiefbecken, die oft die hohen Kosten der Grundwasserabsenkung rechtfertigt. Hinzu tritt aber noch die Erhöhung der Betriebskosten, welche eine dauernde Belastung darstellen. Die Bedienung und Wartung der maschinellen Einrichtung und die laufende Instandhaltung der einer raschen Abnutzung unterliegenden beweglichen Teile verursachen laufende Kosten und stören den Betrieb. Der Vorteil der selbsttätig den Schlamm abscheidenden Trichterbecken darf daher nicht unterschätzt werden.

Zur genauen Nachprüfung wurden die Kosten für ein kreisrundes Absetzbecken von 18·0 m Durchmesser und 1·80 m mittlere Tiefe mit einer fahrbaren Ausräumerdrehbrücke ermittelt, und zwar für 420 m³ Absetzraum (~ 50.000 Einwohner). Sie be-

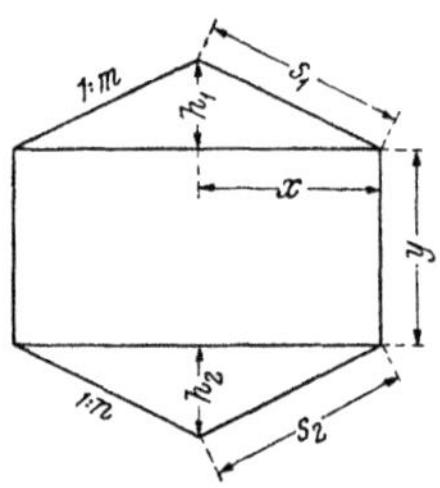

Abb. 11. Grundform des Faulbehälters.

tragen je nach der Ausführungsart 68 bis 76 RM je m³ Absetzraum, liegen also um 15 bis 30% höher als die auf gleicher Preisgrundlage ermittelten Kosten für das Trichterbecken nach Abb. 7, bei welchem der Kubikmeterpreis nur 59 RM beträgt (Abb. 8).

Es wird sich daher auch bei Großanlagen lohnen, durch Aufstellung von Vorentwürfen und genauer Kostenermittlung zu prüfen, welche Ausführungsart billiger kommt.

4. *Wirtschaftliche Gestaltung von Faulbehältern.*

Nach den bisherigen Überlegungen kommt als Bauform für den Faulbehälter nur die kreisrunde Bauart nach Abb. 7 in Frage. In Abb. 11 ist die geometrische Grundform (Meridianschnitt) des Faulbehälters angegeben, wobei wieder nach dem Minimum der Mantelfläche bei gleichem Rauminhalt gefragt sei. Die bezüglichen Gleichungen sind:

$$O = 2\,x\,y\,\pi + x\,\pi\,(s_1 + s_2),$$

$$J = x^2\,\pi\,y + \frac{1}{3}\,x^2\,\pi\,(h_1 + h_2),$$

$$s_1 = \frac{x}{m}\sqrt{m^2+1}, \qquad s_2 = \frac{x}{n}\sqrt{n^2+1},$$

$$h_1 = \frac{x}{m}, \qquad h_2 = \frac{x}{n}.$$

Setzt man y aus der 2. Gleichung in die erste ein, dann wird $O = f(x)$. Das Minimum erhält man für $\frac{dO}{dx} = 0$.

Es ist:

$$x = \alpha\,\sqrt[3]{J}, \qquad y = \beta\,\sqrt[3]{J}, \text{ wobei}$$

$$\alpha = \sqrt[3]{\frac{2}{\pi\left(2\,k - \frac{4}{3}\,k_1\right)}},$$

$$\beta = \frac{3 - \alpha^3\,\pi\,k_1}{3\,\alpha^2\,\pi}$$

$$k = \frac{n\sqrt{m^2+1} + m\sqrt{n^2+1}}{m\,n},$$

$$k_1 = \frac{n+m}{m\,n}.$$

Für $n = m = 2$ ist zum Beispiel $x = 0{\cdot}59\,\sqrt[3]{J}$, $y = 0{\cdot}72\,\sqrt[3]{J}$.

Wieder wurden für 6 verschiedene Faulraumgrößen von 150 bis 1500 m³ Rauminhalt die statischen Berechnungen aufgestellt und die Baukosten ermittelt, und zwar bei der üblichen Bauausführung

(Abb. 7), mit fester Gasdecke (Imhoff, S. 179), Schwimmschlammzerstörung, jedoch ohne Heizung, dafür mit einer Hohlsteinummantelung als Wärmeisolierung. Mit der gleichen Preisgrundlage wie beim Absetzbecken ergab sich die Beziehung nach Abb. 12. Der Umrechnungsfaktor $K_f = 0{\cdot}10\,Ze + 0{\cdot}08\,S + 0{\cdot}20\,E + 0{\cdot}03\,H + 0{\cdot}05\,Zi + 0{\cdot}54\,A$. Man ist damit jederzeit rasch in der Lage, auch für andere Preise die Baukosten einzuschätzen.

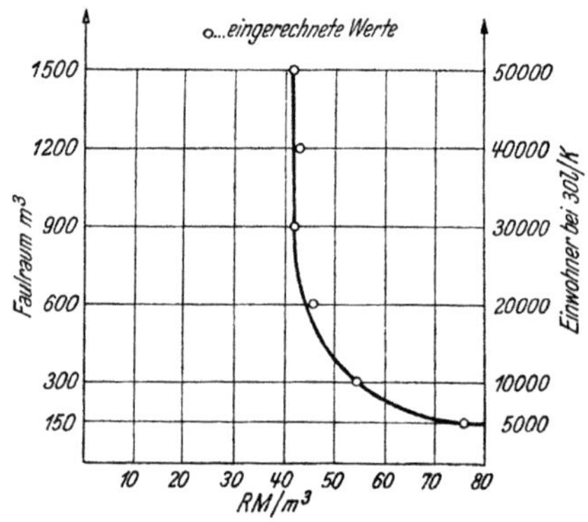

Abb. 12. Baukosten der Faulbehälter.

Aus Abb. 12 geht klar hervor, daß es keine Vorteile bringt, über die Raumgröße von 900 m³ hinauszugehen, und es ist betrieblich gesehen unbedingt von Vorteil, mehrere kleine Bauwerke zu haben als ein Riesenbauwerk, da man dann ohne weiteres Instandsetzungen oder bauliche Veränderungen vornehmen kann, ohne den Betrieb ganz stillsetzen zu müssen.

In Abb. 12 wurde auch die Einwohnerzahl angegeben, für welche die jeweilige Faulbehältergröße erforderlich ist, wenn man mit der Grundzahl von 30 l/E. rechnet (Imhoff, S. 183 bis 188).

5. *Der Emscherbrunnen.*

Die bauwirtschaftlichen Betrachtungen wären nicht vollständig, wenn der altbewährte Emscherbrunnen (Imhoff-Tank) nicht einbezogen werden würde. Der Emscherbrunnen schließt in seiner zweistöckigen Bauart Absetzbecken und Faulraum in sich (Imhoff, S. 106, 172, 224). Wegen der tiefen Gründung wird er meist nur für kleinere Anlagen verwendet. Auf seine Vor- und Nachteile kann hier nicht näher eingegangen werden.

Für die wirtschaftlichste Bauform gelten die gleichen Betrachtungen wie beim Absetzbecken. Der Querschnitt ist kreisrund und das Verhältnis der Höhe zum Durchmesser des Zylinders wird sich zwischen 1 : 1 und 1 : 2 bewegen (Abb. 10). Die Bauausführung ist einfach, da der ganze Baukörper als Brunnen abgesenkt werden kann.

Die Kosten wurden für zwei Größen ermittelt, welche der Einwohnerzahl von 5000 und 10.000 entsprechen. Das Ergebnis ist aus Tabelle 2 zu ersehen.

Tab. 2. Baukosten der Emscherbrunnen.

Einwohner	Absetzraum	Faulraum	Kosten in RM	
			je m³ [1]	je Einw.
5.000	42 m³	150 m³	96·—	3·70
10.000	84 m³	300 m³	78·—	3·—

Der Preisumrechnungsfaktor ist:

$$K_e = 0{\cdot}10\,Ze + 0{\cdot}07\,S + 0{\cdot}07\,E + 0{\cdot}01\,H + \\ + 0{\cdot}12\,Zi + 0{\cdot}63\,A.$$

Man kann auch noch größer bauen, wenn die Untergrundverhältnisse günstig sind, doch gestattet bereits der Brunnen für 10.000 Einwohner in vierfacher Ausführung die Abwässer und den Schlamm

[1] Bezogen auf 1 m³ Absetzraum + Faulraum.

für 40.000 Einwohner zu verarbeiten. Der Vorteil solcher Anlagen ist der fast vollautomatische Betrieb und damit die Einsparung von Betriebskosten, so daß höhere Baukosten durchaus gerechtfertigt sind. Entscheidend kann die Art der Faulgasverwertung sein, die noch später erörtert wird.

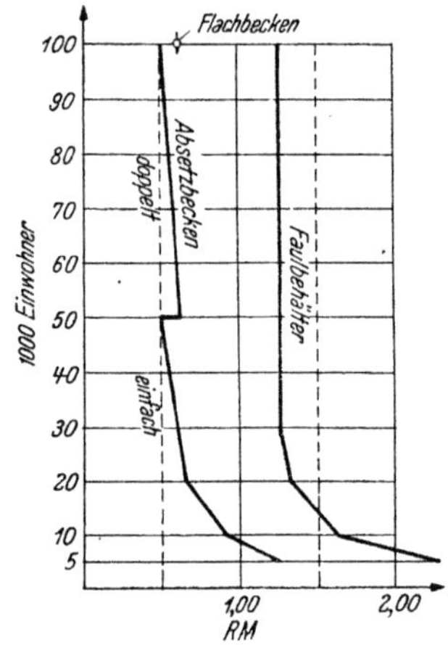

Abb. 13. Baukosten von Absetzbecken und Faulbehältern.

B. Baukosten von Kläranlagen.

Die Baukosten der Absetzbecken kann man auf einen Einwohner erst beziehen, wenn der erforderliche Absetzraum festgelegt ist. Rechnet man mit einem Kopfwasserverbrauch von 100 l/Tag und 1·5 Stunden Absetzzeit, so ist der Absetzraum für 1000 Einwohner:

$$A = \frac{1}{18.000}\,1000\,.\,100\,.\,1{\cdot}5 = 8{\cdot}35\,\mathrm{m}^3.$$

Damit sind die Baukosten je Einwohner aus Abb. 8 zu errechnen. Hiebei wurden bei über 50.000 Einwohnern Doppelanlagen gewählt. Das Ergebnis zeigt Abb. 13.

Die Baukosten für die F a u l b e h ä l t e r sind aus Abb. 12 mühelos zu errechnen. Auch diese Werte sind in Abb. 13 eingetragen.

Zur Ausrüstung einer Kläranlage gehören außer den Absetzbecken und Faulbehältern noch verschiedene Nebeneinrichtungen, welche auch zahlenmäßig erfaßt werden müssen. So ist in allen Fällen

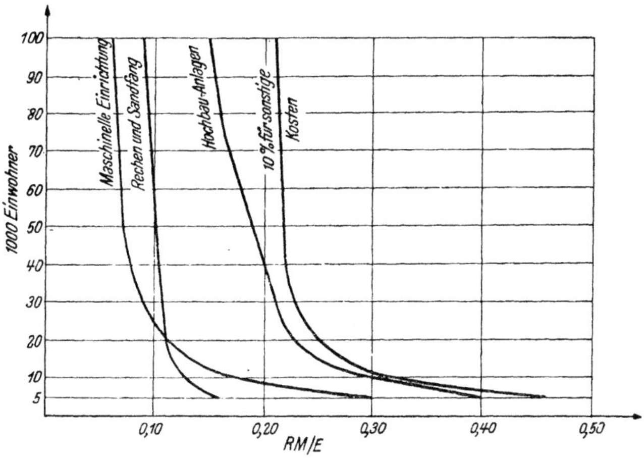

Abb. 14. Baukosten für Nebenanlagen.

der Anlage ein Rechen vorzuschalten, der grobe Fremdkörper, welche den Pumpen gefährlich werden können, abzuhalten hat (Imhoff, S. 84). Bei Mischkanalisation ist außerdem die Anordnung eines Sandfanges zweckmäßig, welcher die schweren mineralischen Stoffe ausscheidet, damit sie nicht im Absetzbecken oder Faulbehälter festsetzen, den Nutzraum verkleinern oder Betriebsschwierigkeiten bereiten (Imhoff, S. 94).

Die Kosten für R e c h e n und S a n d f a n g, bezogen auf einen Einwohner, sind in Abb. 14 angegeben.

An hochbaulichen Anlagen ist ein Pumpenhaus erforderlich. Bei größeren Anlagen treten hinzu die Aufenthaltsräume für den Klärmeister und die ständig anwesenden Klärarbeiter. Die Kosten wurden nach der Größe der Anlage getrennt ermittelt und der auf einen Einwohner entfallende Anteil ebenfalls in Abb. 14 angegeben. Für Emscherbrunnenanlagen sind diese Kosten geringer.

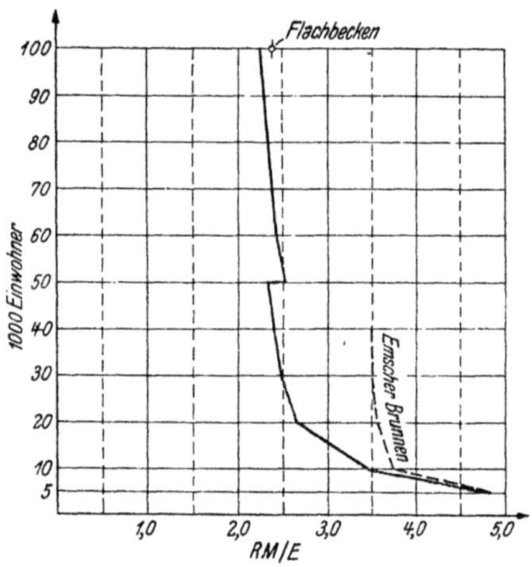

Abb. 15. Baukosten von Kläranlagen.

An maschinellen Einrichtungen sind bei getrennten Absetzbecken und Faulbehältern erforderlich: 1 Schlammpumpe für die Schlammbeförderung in den Faulraum und 1 Kompressor zur Behebung von Verstopfungen in den Schlammleitungen. Bei Emscherbrunnen genügt in der Regel 1 Kompressor. Auch diese Kosten wurden je Einwohner in Abb. 14 eingetragen.

Außer diesen Kosten fallen noch andere Kosten an, wie kleine Geländeregulierungen, Wege und

Straßen, Zu- und Ableitung des Abwassers, Zuleitung von Reinwasser und Kraftstrom, Umzäunung usw. Diese Kosten werden mit 10% der Gesamtbaukosten angenommen und sind ebenfalls in Abb. 14 eingetragen. Nicht erfaßt sind die Kosten für Grunderwerb und hohe Geländeaufschließungskosten, wie lange Zufahrtstraßen oder Kanalleitungen, umfangreiche Geländeregulierungen u. a. m.

Mit den Teilwerten nach Abb. 13 und 14 sind in Abb. 15 die Gesamtbaukosten der Kläranlagen ermittelt. Diese schwanken für 30.000 bis 100.000 Einwohner zwischen 2·30 bis 2·50 RM je Einwohner, steigen bei kleinen Städten stark an und erreichen bei 5000 Einwohnern den doppelten Wert.

Bei Änderung der Preisgrundlage kann näherungsweise mit dem beim Absetzbecken und Faulbehälter angegebenen Umrechnungsfaktor gerechnet werden, da die beiden Bauwerke drei Viertel der Gesamtbaukosten ausmachen.

C. Jahreskosten von Kläranlagen.

Die Jahreskosten einer Kläranlage setzen sich zusammen aus dem Kapitaldienst, den laufenden

Tab. 3. Jahreskosten von Kläranlagen.

Einwohner	Kap.-Dienst 7 %	Unterhaltung 2 %	Löhne	Jahreskosten [1]
5.000	34	10	30	74
10.000	24	7	20	51
20.000	19	5·3	15	39·3
30.000	17·5	5	13·5	36
40·000	17	4·8	12	33·8
60.000	17	4·8	11	32·8
80.000	16·5	4·7	11	32·2
100.000	16	4·5	11	31·5
Flachbecken	17	4·7	14	35·7

[1] Sämtliche Beträge sind Pfennig je Einwohner.

Unterhaltungskosten, den Kosten für die Betriebsmittel und schließlich den Arbeitslöhnen für das Bedienungspersonal. Die Zusammenstellung aller dieser Kosten erfolgte in Tabelle 3.

Die Verzinsung des Kapitals wurde mit 5% angenommen und die Tilgung im Zeitraum von 25 Jahren vorgesehen. Damit ergibt sich eine Annuität von rund 7%.

Die jährlichen Unterhaltungskosten kann man mit 1 bis 2% der Baukosten annehmen. Die Kosten der Betriebsmittel sind geringfügig. Der elektrische Strom für die Schlammpumpe macht kaum 1‰ der Baukosten aus. Auch die sonstigen Aufwendungen (Reinigungsgerät, Werkzeuge, Schmiermittel u. a. m.) sind gering, so daß man 2% der Baukosten für Unterhaltung und Betriebsmittel ansetzten kann.

Die Lohnkosten sind errechnet auf einen Grundlohn von RM 1·10 für den Facharbeiter und RM 0·83 für den Arbeiter. Mit 27% Zuschlag für die sozialen Lasten ergeben sich die stündlichen Lohnkosten mit RM 1·40 und RM 1·05. Auf Kleinanlagen genügt als Bedienung ein Mann für wenige Stunden am Tage. Auch auf Großanlagen muß mit Personal gespart werden, da die Arbeitslöhne nach dem Kapitaldienst den Hauptteil der Jahreskosten ausmachen. Es ist daher zweckmäßig, auf möglichst selbsttätigen Betrieb zu achten. Jede maschienelle Einrichtung erfordert zusätzliche Bedienung. Daher müssen Flachbecken mit Schlammausräumern höhere Bedienungskosten nach sich ziehen.

Für Emscherbrunnenanlagen ist mit einer Verbilligung der Bedienungskosten zu rechnen, da das Überpumpen des Schlammes vom Absetzbecken zum Faulbehälter entfällt. Bei günstigem Gelände kann auch der Faulschlamm ohne maschinelle Kraft abgelassen werden. Die Jahreskosten solcher Kläranlagen bis zu einer Einwohnerzahl von 40.000 sind in Tabelle 4 zusammengestellt.

Tab. 4. Jahreskosten von Emscherbrunnenanlagen.

Einwohner	Kap.-Dienst 7 %	Unterhaltung 1·5 %	Löhne	Jahreskosten[1]
5.000	34	7·2	20	61·2
10.000	26	5·6	15	46·6
20.000	25	5·4	10	40·4
30.000	25	5·3	9	39·2
40.000	25	5·2	8	38·2

[1] Sämtliche Beträge in Pfennig je Einwohner.

Ein Vergleich der Tabellen 3 und 4 ergibt die wirtschaftliche Überlegenheit der Emscherbrunnen für Kleinanlagen bis etwa 20.000 Einwohner. Erst bei größeren Anlagen übersteigt der Kapitaldienst die Ersparnis im Arbeitslohn. Die höheren Baukosten sind vor allem in der Tiefgründung zu suchen. Da die dauernde Wasserhebung heute technisch keine Schwierigkeiten bereitet, hat man durch Höherlegen der Bauwerke die Baukosten zu senken versucht. Man tauscht dann für die ersparten Baukosten höhere Betriebskosten ein.

Um das Abwasser eines Einwohners, und zwar von 100 l/Tag um 5 m zu heben, verbraucht man (Imhoff, S. 16) im Jahr

$$\frac{365.100.5}{3600.1{\cdot}36.75.0{\cdot}5} = \text{rund } 1{\cdot}0 \text{ kWh},$$

d. i. bei einem Strompreis von RM 0·10 = 0·10 RM je E. Beträgt der Kopfwasserverbrauch 150 l/Tag, dann steigt der Wert auf 0·15 RM/E. Dieser Betrag ist bei Großanlagen bald ebenso hoch wie der ganze Kapitaldienst (Tabelle 3) der Kläranlage, d. h. aber, daß die Baukosten fast auf das Doppelte steigen können, ehe sich die Wasserhebung lohnen würde. Auch unter schwierigen Untergrundverhältnissen macht die Grundwasserabsenkung nur einen Bruchteil der Gesamtbaukosten aus. Eine Wasserhebung kann daher nur für Kleinanlagen tragbar sein.

D. Gestehungskosten des Faulgases.

Über die Menge des anfallenden Faulgases liegen hinreichende Erfahrungen vor (Imhoff, S. 167 ff.). Die Gasmenge ist abhängig von der Faulzeit (Faulraumgröße) und von der Temperatur. Nimmt man an, daß die mittlere Jahrestemperatur im Emscherbrunnen 12° C und im getrennten Faulraum (ohne Heizung) 14° C beträgt, dann ist mit einem Gasanfall je Einwohner von 11 l/Tag bzw. 13 l/Tag bestimmt zu rechnen (Imhoff, S. 170, 184, 189). Der Heizwert wird bei 6000 kgcal/m^3 liegen.

Tab. 5. Kosten des Faulgases je m^3.

Einwohner	Getrennte Faulbehälter			Emscherbrunnen[2]		
	Jahresk.	Gasmenge	Preis/m^3	Jahresk.	Gasmenge	Preis/m^3
5.000	74[1]	4·75 m^3	15·6[1]	61·2[1]	4·0 m^3	15·3[1]
10.000	51	4·75 ,,	10·7	46·6	4·0 ,,	11·6
20.000	39·3	4·75 ,,	8·3	40·4	4·0 ,,	10·1
30.000	36	4·75 ,,	7·6	39·3	4·0 ,,	9·8
40.000	33·8	4·75 ,,	7·1	38·2	4·0 ,,	9·5
60.000	32·8	4·75 ,,	6·9			
80.000	32·2	4·75 ,,	6·8			
100.000	31·5	4·75 ,,	6·6			
Flachbecken	35·7	4·75 ,,	7·5			

[1] Preis in Pfennig.

[2] Der Heizwert des Faulgases aus dem Emscherbrunnen liegt um rund 20% höher als der des Faulgases aus dem getrennten Faulbehälter.

Wenn man nun die Jahreskosten durch den jährlichen Gasanfall von

$\frac{11.365}{1000} = 4\ m^3$ bei Emscherbrunnen bzw. von

$\frac{13.365}{1000} = 4{\cdot}75\ m^3$ bei getrennten Faulräumen teilt,

erhält man jenen Gaspreis je m^3, der mindestens erzielt werden müßte, um die Betriebskosten einschließlich Kapitaldienst der geschaffenen Anlagen zu decken. Dieser m^3-Preis ist in Tabelle 5 errechnet und zusammengestellt.

Bei getrenntem Faulbehälter kann man versuchen, durch Heizung des Faulraumes die Gasausbeute zu erhöhen. Die Gasvermehrung kann bis zu 7 l/E./Tag erreichen (Imhoff, S. 189 ff.). Bei einem Heizwert von 6000 kgcal kann man mit 7 l Gas dem Schlamm höchstens 42 kgcal/E. täglich zuführen. Der tägliche Frischschlammanfall beträgt 1·10 l/E., und da man im Gasofen und Faulraum mit Wärmeverlusten in Höhe von 60% rechnen muß (Imhoff, S. 194), ergibt sich eine mögliche Temperaturerhöhung um

$$\frac{42.0{\cdot}4}{1{\cdot}10} = 15^\circ\ C \text{ auf } 14 + 15 = 29^\circ\ C.$$

Wenn man sich auf 25° C Faulraumtemperatur beschränkt, könnte man 1 bis 2 l Gas je Tag Mehrausbeute gewinnen.

Ein weiterer Vorteil der Heizung liegt darin, daß man den Faulbehälter kleiner halten kann. Dagegen entstehen Mehrkosten für die Heizanlage und erhöhte Betriebskosten.

Die Heizung des Faulraumes ist daher von fraglichem Wert, kann aber unter Umständen ein Vorteil sein. Es empfiehlt sich daher, beim Neubau von Faulbehältern den nachträglichen Einbau einer Heizanlage vorzusehen.

E. Bau- und Jahreskosten der Schlammtrocknung und Gestehungskosten des Trockenschlammes.

Der Faulschlamm fällt im Faulbehälter in flüssigem Zustand an, d. h. mit einem Wassergehalt von 80 bis 85%. Man hat ihn daher unter günstigen Verhältnissen auch flüssig an die Landwirtschaft abgegeben. In der Regel wird er aber auf Trockenplätze gebracht und an der Luft getrocknet. Ausgefaulter Schlamm trocknet rasch ab und wird als Trockenschlamm mit 50 bis 70% Wassergehalt der Landwirtschaft überlassen. Über die Bau- und Jahreskosten solcher Trocknungsanlagen liegen Erfahrungen vor und wird nachstehend versucht, aus deren Höhe die Gestehungskosten des Trockenschlammes zu errechnen.

Eine Schlammtrocknungsanlage besteht aus einzelnen, nebeneinanderliegenden Trockenplätzen, die gut dräniert sein müssen. Eine 25 cm starke Lage aus Schlacke oder Steinschlag mit unterer Grobschicht und oberer Feinschicht wird mit 10 cm Sand, poröser Asche oder einer Ziegelflachschicht abgedeckt Auf die eingedämmten oder massiv eingefaßten Trockenplätze wird der flüssige Schlamm aufgebracht, welcher nach 1 bis 2 Wochen so weit abtrocknet, daß er mit dem Spaten abgehoben werden kann. Die Plätze müssen eine Zufahrtstraße und eine Ausräumvorrichtung (Feldbahn, Förderband, Kabelkran oder Schlammbagger) erhalten.

In Tabelle 6 sind die Kosten zusammengestellt, und zwar enthält die erste Spalte die Einwohnerzahl, die zweite die Baukosten der angeführten Einrichtungen je Einwohner. Dann folgt der Kapitaldienst je Einwohner bei 5% Zinsen und Tilgung in 25 Jahren (7%). Die nachfolgenden Unterhaltungskosten werden mit 5% der Baukosten angesetzt.

Tab. 6. Kosten der Schlammtrocknung (in Pfennig).

Einwohner	Baukosten je Einw.	Kapital-Dienst 7 %	Unterhaltung 5 %	Jahreskosten je Einw.	Kosten je m^3 Schlamm	Kosten je m^3 Gas
5.000	130	9·1	6·5	15·6	312	6·6
10.000	100	7	5	12	240	5·1
20.000	93	6·5	4·7	11·2	234	4·9
30.000	87	6·1	4·4	10·5	210	4·4
40.000	83	5·8	4·2	10·0	200	4·2
60.000	76	5·3	3·8	9·1	182	3·8
80.000	74	5·2	3·7	8·9	178	3·8
100.000	73	5·1	3·7	8·8	176	3·7

Man kann mit einem jährlichen Trockenschlammanfall von $\frac{0{\cdot}13.365}{1000} = 0{\cdot}05\ m^3$ je Einwohner mit 55 bis 60% Wassergehalt rechnen (Imhoff, S. 166). Teilt man die in der 5. Spalte angegebenen Jahreskosten durch die Schlammausbeute von 0·05 m^3/E., so erhält man in der 6. Spalte die Gestehungskosten je m^3 Trockenschlamm. In der letzten Spalte wurden die Jahreskosten durch den Gasanfall (4·75 m^3/E.) geteilt, für den Fall, daß die Kosten durch die Gasverwertung gedeckt werden müssen.

Der Faulschlamm ist dem Stallmist an Dünger- und Humuswert ebenbürtig. Die Gestehungskosten nach Spalte 6 sind demnach an sich nicht hoch, wenn man sie mit dem Marktwert des Stallmistes vergleicht, doch sind jetzt noch die Kosten für Aufladen und Abfuhr hinzuzurechnen. Diese verteuern den Schlamm frei Verwendungsstelle in der Regel derart, daß diese Preise nie erzielt werden können. Der Schlamm wurde meist nur zu einem Anerkennungspreis von 0·25 bis 0·50 RM/m^3 abgegeben.

Rechnet man die Gestehungskosten des Trockenschlammes auf 1 m^3 Faulgas um, dann würden sich die Kosten des Faulgases um 4 bis 6 Pfennig je m^3 erhöhen. Man sieht also, daß die Schlammtrocknung eine unwirtschaftliche Angelegenheit ist.

Es fehlt daher nicht an Versuchen, den Schlamm künstlich zu trocknen (Imhoff, S. 200), doch liegen darüber noch wenig Erfahrungen vor. Man hat auch versucht, den Naßschlamm durch Zusatz von wassersaugenden Stoffen rasch stichfest zu machen (Torfmull, Feinmüll) und auf diese Weise verschiedene Klärschlammdünger aufbereitet und in den Handel gebracht (Biohum). Über die Preisbildung dieser Düngerarten wird auf das Schrifttum (Falck) verwiesen.

F. Schlußfolgerungen.

Aus der wirtschaftlichen Betrachtungsweise der städtischen Abwasserverwertungsanlagen können nachstehende Schlußfolgerungen gezogen werden:

1. Wenn es aus hygienischen Gründen erforderlich wird, eine Abwasserreinigungsanlage zu errichten, dann muß unbedingt angestrebt werden, die Abwässer möglichst restlos zu verwerten.

2. Bei städtischen Anlagen besteht die wirtschaftliche Verwertung darin, den Schlamm ausfaulen zu lassen und das gewonnene Faulgas zu verwerten. Die Verwertung des ausgefaulten Schlammes und des mechanisch gereinigten Abwassers ist Sache der Landwirtschaft.

3. Die bauliche Gestaltung einer Verwertungsanlage hat so zu erfolgen, daß die Bau- und Betriebskosten möglichst gering sind. Durch reifliche Überlegung kann hier viel gespart werden.

4. Wenn durch wirtschaftliche Gasverwertung ein günstiger Gaspreis erzielt werden kann, ist es ohne weiteres denkbar, daß die Jahreskosten einer solchen Anlage (Kapitaldienst, Unterhaltungs- und Betriebskosten) durch den Ertrag des Faulgases gedeckt, ja daß sogar Überschüsse erzielt werden.

5. Die Faulschlammaufbereitung ist Angelegenheit der nutznießenden Landwirtschaft. Liegt kein Bedarf vor, so kann bei reichlich wasserführender Vorflut (Donau) der Schlamm unmittelbar in diese eingeleitet werden, da er hygienisch kaum mehr gefährdet. Auch Geländemulden können damit aufgefüllt werden. Das an Humusdünger notleidende Österreich wird sich jedoch eine solche Vergeudung nicht leisten können.

Literaturverzeichnis:

G. Bach: Bestimmung des Humus im Abwasserklärschlamm. Gesundh.-Ing. 49 (1926), H. 49, S. 19. — M. Bimanis: Zur Frage der landwirtschaftlichen Verwertung des Abwassers. Gesundh.-Ing. 67 (1944) H. 1, S. 10. — Brix, Imhoff, Weldert: Die Stadtentwässerung in Deutschland (2 Bde.), Gustav Fischer, Jena 1934. A. Brühne: Betrachtungen über die Richtlinien für die landwirtschaftliche Verwertung städtischer Abwässer. Gesundh.-Ing. 67 (1944), H. 5, S. 126. — W. Ph. Dunbar: Leitfaden für die Abwasserreinigungsfrage. München und Berlin 1912. — Th. Falck: Die Verwendung des Schlammes aus städtischen Kläranstalten. Gesundh.-Ing. 63 (1942), H. 12, S. 138. — Derselbe: Die wirtschaftliche Herstellung von Fäkalhumusdünger. Gesundh.-Ing. 67 (1944), H. 3, S. 78. — A. Heilmann: Städtereinigung und heimische Rohstoffversorgung. Gesundh.-Ing. 58 (1935), H. 51/52. — Derselbe: Der Edaphon-Dünger. Gesundh.-Ing. 62 (1939), H. 18, S. 255. — Derselbe: Der Wert der Abwässer und der Beregnung in der Landwirtschaft. Gesundh.-Ing. 64 (1941), H. 10 (Bericht). — Hemmert-Halswick u. Gebauer: Die hygienischen und landwirtschaftlichen Forderungen bei der Abwasserverwertung. Gesundh.-Ing. 63 (1940), H. 16, S. 190. — M. Hoffmann (H. Bülow): Düngerfibel. Berlin 1943. — W. Husmann: Chemische Fragen bei der landwirtschaftlichen Abwasserreinigung. Dtsch. Wasserwirtschaft 36 (1941), H. 9. — K. Imhoff: Taschenbuch der Stadtentwässerung. Verlag

Oldenbourg, München und Berlin 1941. — K. P. Kalis: Die landwirtschaftliche Seite der Abwasserreinigung. Gesundh.-Ing. 66 (1943), H. 21. — H. Kallbrunner: Die Verwertung der Abwässer Wiens. Dtsch. Wasserwirtschaft 35 (1940), H. 6, S. 184. — A. Kreuz: Deutschlands Stadtabwässer. Dtsch. Landeskultur-Ztg. 5 (1936), H. 1. — Derselbe: Handbuch der landwirtschaftlichen Abwasserverwertung. Ebeling und Wichold, Berlin 1938. — Derselbe: Neue Erfahrungen bei der landwirtschaftlichen Abwasserverwertung. Landw. Wasserbau (1940), H. 2, S. 28. — Derselbe: Abwasserreinigung in Klein- und Mittelstädten durch landwirtschaftliche Verwertung. Gesundh.-Ing. 63 (1940), S. 494. — K. Laux, Abwasserwirtschaft durch Feldberegnung. Verlag E. Stein, Potsdam 1932. — E. Müller: Klärschlamm als Düngemittel. Gesundh.-Ing. 67 (1944), H. 4, S. 99. — R. Pönninger: Landwirtschaft, Abwasserverwertung und Kläranlage. Gesundh.-Ing. 61 (1938), H. 12, S. 163. — Derselbe: Tropfkörper und landwirtschaftliche Abwasserverwertung. Gesundh.-Ing. 61 (1938), S. 346. — Richtlinien für die landwirtschaftliche Verwertung städtischer Abwässer. Gesundh.-Ing. 65 (1942), H. 35/36, S. 286. — W. Rudolfs: Düngung mit Abwasserschlamm und dessen Düngerwirkung. Water Works & Sow. 87 (1940), H. 12, und Gesundh.-Ing. 67 (1944), H. 2. — F. Schneiter: Neuzeitlicher Güllereibetrieb. Leopold Stocker-Verlag, Graz 1931. — W. Sauerlandt: Zur Frage der Gülledüngung. Dtsch. Wasserwirtschaft 35 (1940), H. 12, S. 390. — A. Seifert: Über die biologischen Grenzen der landwirtschaftlichen Verwertung städtischer Abwässer. Dtsch. Wasserwirtschaft 35 (1940), H. 6, S. 161. Stellungnahme hiezu im besonderen in Dtsch. Wasserwirtschaft 35 (1940) durch: Henkel S. 249, Imhoff S. 275, Pallasch S. 307, Kreuz S. 344, Hambloch S. 346; in Gesundh.-Ing. 63 (1940) durch Schmidt-Imbreck S. 536, Stecher S. 557, Seiser S. 571; in Gesundh.-Ing. 64 (1941) Fries S. 36, Kötting S. 149. — W. Spaeth: Die Klärgastankstelle im Gaswerk München. Gesundh.-Ing. 60 (1937), H. 34. — E. Stecher: Die landwirtschaftliche Verwendung des Klärschlamms. Gesundh.-Ing. 66 (1943), H. 13, S. 119. — O. Vas: Ziele und Wege der Abwasserwirtschaft. Zeitschr. d. Österr. Ing.- und Arch.-Vereins, Wien, 90 (1938), H. 7/8 und 9/10. Schriftenreihe des Österreichischen Wasserwirtschaftsverbandes, H. 4, Wien 1938. — K. Viehl: Untersuchung über Schlammfaulung. Gesundh.-Ing. 64 (1941), H. 32, S. 438. — W. Voit: Ein Vorschlag zur Lösung der Frage einer Verwertung der Abwässer Wiens. Zeitschr. d. Österr. Ing.- und Arch.-Vereins, Wien 1935, H. 43/44. — Derselbe: Die Abwasserwirtschaft und ihre Erfolge in volkswirtschaftlicher Hinsicht. Dtsch. Wasserwirtschaft 35 (1940), H. 1, S. 21. — F. Zunker: Versteppung und Abwasserverwertung. Gesundh.-Ing. 64 (1941), S. 76, 92, 163, 176 und 189.

GPSR Compliance

The European Union's (EU) General Product Safety Regulation (GPSR) is a set of rules that requires consumer products to be safe and our obligations to ensure this.

If you have any concerns about our products, you can contact us on ProductSafety@springernature.com

In case Publisher is established outside the EU, the EU authorized representative is:

Springer Nature Customer Service Center GmbH
Europaplatz 3
69115 Heidelberg, Germany

Batch number: 10577919

Printed by Printforce, the Netherlands